Environmental Protection Common Industrial Park
An Exploration Case From Zhongshan City in GBA

环保共性产业园

——粤港澳大湾区中山市的探索

杜 敏　周永章　刘红刚　王堃屹　著

化学工业出版社
·北京·

内容简介

本书以环保共性产业园理论与实践探索为主线，以绿色发展理念和生态文明思想为指导，立足产业生态共生及人与自然和谐共生，重点是中山市环保共性产业园规划建设实践，解决环境与经济发展的关系问题，旨在为产业园绿色低碳转型升级提供理论依据、技术支撑和案例借鉴。

本书注重理论与实践的有效结合，具有较强的针对性和参考价值，可供从事生态文明建设，绿色低碳环保产业及园区规划、设计等领域的科研人员、工程技术人员和管理人员参考，也可供高等学校环境科学与工程、生态工程及相关专业师生参阅。

图书在版编目(CIP)数据

环保共性产业园：粤港澳大湾区中山市的探索 / 杜敏等著 .-- 北京：化学工业出版社，2022.12（2023.8重印）
ISBN 978-7-122-42666-6

Ⅰ.①环… Ⅱ.①杜… Ⅲ.①环保产业－产业发展－研究－广东、香港、澳门 Ⅳ.①X324.2

中国版本图书馆CIP数据核字(2022)第245209号

责任编辑：刘 婧 刘兴春　　装帧设计：韩 飞
责任校对：田睿涵

出版发行：化学工业出版社（北京市东城区青年湖南街13号 邮政编码100011）
印　　装：北京虎彩文化传播有限公司
787mm×1092mm 1/16 印张13¹/₄ 字数159千字 2023年8月北京第1版第3次印刷

购书咨询：010-64518888　　售后服务：010-64518899
网　　址：http://www.cip.com.cn
凡购买本书，如有缺损质量问题，本社销售中心负责调换。

定　　价：148.00元

序

中山市是中国最重要的制造业城市之一，在粤港澳大湾区中具有典型性。为解决产业集聚所带来的环境污染问题，中山市早先推动了“共性工厂”的建设，对环境保护工作起到了一定的促进作用。但随着绿色低碳新形势的不断发展，“共性工厂”建设类型单一的缺点逐渐暴露，难以承载和适应现代化经济发展和环境保护工作需求。为改变这种局面，中山市生态环境局在“共性工厂”的基础上，在全国率先提出了“环保共性产业园”这一新型园区建设和管理模式。

环保共性产业园的实质是通过共享产污工序与环境治理设施，为产业链上下游提供配套服务，形成产业聚集发展的产业生态圈，最终实现绿色低碳转型的产城融合。通过中山市的统一规划和建设实践，环保共性产业园已成为投资者接踵而至的热土，一批环保共性产业园在中山市拔地而起，环境基础设施配套高端齐全，管理实现了规范化和智慧化，既解决了投资者的后顾之忧，又节约了土地资源，为经济发展腾出了发展空间，发挥出了良好的环境效益和经济效益。

环保共性产业园是中山市在产业发展建设中的一次大胆尝试，是对习近平生态文明思想的深入贯彻和具体实践。“十八大”以来，党中央、国务院将生态文明纳入“五位一体”战略部署，把绿色发展纳入“五大发展”理念。“十九大”提出“坚持新发展理念”“坚持人与自然和谐共生”，把推进绿色发展提高到前所未有的高度。习近平总书记在党的二十大报告中再一次强调，“我们要推进美丽中国建设，坚持山水林田湖草沙一体化保护和系统治理，统筹产业结构调整、污染治理、生态保护、应对气候变化，协同推进降碳、减污、扩绿、增长，推进生态优先、节约集约、绿色低碳发展”，进一步明确了我国在实现第二个百年奋斗目标的过程中所必须坚持的绿色发展原则。在新时期，环保共性产业园无疑将成为中国产业现代化转型的重要范本，对于全国的产业园区规划和建设工作具有重要的引领示范作用。

本书是源自于大湾区环保共性产业园生动的建设实践的原创性读物，值得环保工作者、城市规划工作者及相关经济研究工作者阅读。本书阐述的理论和实践经验，对于中国现代产业园绿色转型升级具有显著的借鉴意义。

张远航

中国工程院院士

国家环境咨询委员会委员

北京大学环境科学与工程学院教授

自序

2022年，建设珠江口东西两岸融合互动发展改革创新实验区正在中山市徐徐拉开序幕。这是中共广东省委贯彻落实习近平总书记关于加快珠江口东西两岸融合互动发展重要指示精神的具体举措和战略决定，也是中山市衔接粤港澳大湾区规划发展的最新行动指南。它要求中山市立足新发展阶段，完整、准确、全面贯彻新发展理念，构建新发展格局，把握深中通道重要利好，在破解土地碎片化、投资项目审批、科技创新、推进粤港澳台侨合作等方面探索创新，加强与深圳前海、广州南沙、东莞滨海湾新区等重大平台联动发展，推动珠江口东西两岸融合互动发展，把中山建设成为珠江口东西两岸融合发展支撑点、沿海经济带枢纽城市、粤港澳大湾区重要一极，打造粤港澳大湾区精品城市。

中山市委、市政府对建设珠江口东西两岸融合互动发展改革创新实验区高度重视，自觉把实验区建设作为全面深化改革推动高质量发展的首要任务和系统集成工程，号召中山人继续发扬敢闯敢试、敢为人先的改革精神，大胆试、大胆闯、自主改，以创造型、引领型改革牵引推动实验区建设不断取得新突破。

产业发展无疑是中山市建设“珠江口东西两岸融合互动发展改革创新实验区”的核心内容之一。在承接东岸地区的产业转移和发展高端制造业的过程中，不可避免地会面临环保指标方面的要求以及上游产业链的产业配套问题，必须直面产业生产所带来的环境污染治理问题。

在上述背景下，探索、规划、建设环保共性产业园具有特别的意义。

环保共性产业园的出发点是基于中山市产业发展与生态环境治理实践，其核心是解决环境与经济发展的关系问题。如何实现产业发展的同时保障生态环境质量是环保共性产业园思考的首要问题。

从精神实质层面看，环保共性产业园是绿色发展理念和生态文明思想的有效实践，立足点是人与自然和谐共生及产业生态共生。它直面传统工业文明带来的严峻挑战，旨在转变工业文明下人与自然之间的尖锐矛盾。它关注如何实现人与自然关系的和谐。过去，受机械发展观的影响，往往认为鱼和熊掌不可兼得，要发展就不能保护，要保护就不能发展，在二元对立中冲撞和碰壁。环保共性产业园则认为发展和保护不是对立的关系，而是相互依存的关系，经济和环境两张皮可以黏合。生态伦理是环保共性产业园建设的价值指南，它要求当地社会发展的经济系统尊重它所依赖的自然生态系统的动态规律与阈限，要求重新建立人与自然之间的和谐关系。

从实践层面看，环保共性产业园是一场低效工业园区升级改造与绿色环保理念相结合的全新实践，是产业未来发展规划和环保管理理念的一次大升级。它开拓了绿色发展理念和生态文明思想实践的中山范式。

中山市内工业园区（集聚区）数量约99个，排污工业企业5万多家，制造业的行业地位突出，民营经济发达。一方面，中山市是粤港澳大湾区重要的先进制造业城市和国家特色产业集群创新基地，产业基础扎实；另一方面，作为传统制造业主体的中小微企业，存在“散、乱、污、违”问题，致使“污染防不胜防、监管疲于奔命”。通过环保共性产业园建设，辖区内中小微企业的“散、乱、污、违”问题、产业园区内的环境污染问题和土地瓶颈问题将得到有效解决。环保共性产业园发展模式对支撑珠江口东西两岸融合互动发展改革创新实验区的产业高质量发展，引导传统制造业向高端化、智能化、生态化转型升级将起到至关重要的作用，它可以有效避免上游产业因生态环境治理问题导致的产业链缺失、无法为下游高端制造业提供配套服务的现象发生。

目前，《中山市生态环境局推进共性产业园规划建设工作方案》《中山市共性产业园生态环境保护工作指引（试行）》已由中山市生态环境局相继印发，各镇街都在开展规划建设工作，已形成上下联动、携手共建的局面。可以期望，环保共性产业园建设，与正紧锣密鼓地开展的低效工业园区升级改造一起，将对中山市土地集约利用、产业融合升级、协同减污降碳发挥巨大的作用。

本书不仅全面阐述了产业园区的定义、分类和发展现状，对产业发展所面临的环境问题做出了从源头、过程以及末端的解读，并对发展与环保的平衡问题提出了解决之道，即环保共性产业园发展模式。同时，围绕环保共性产业园模式的起源、理论基础、建设情况、支撑体系、典型案例等方面展开详细论述，将理论与实践进行有效结合。

在结构体系方面，本书重点围绕环保共性产业园的理论与实践展开；在理论方面，重点论述环保共性产业园模式的起源、背景、理论框架等内容；在实践方面，则对环保共性产业园区规划建设实践过程中所涉及的布局、准入条件、建设管理要求、支撑体系、保障措施等进行论述。

在价值与意义方面，本书在工业生态学、可持续发展理念、循环经济等理论的基础上，结合环境污染治理实践，以集中治污为核心思想，同时融入“绿色、低碳、生态、无废”理念，提出环保共性产业园发展模式，从环保角度破局，以产城融合为最终目的，探索出一条“共性、共享、共生、共赢”的绿色高质量发展之路，为平衡产业发展与生态环境提供新的思路与解决途径。对以制造业为主的地市产业发展与环境保护之间所面临的实际问题，本书全面系统地论述了环保共性产业园这一兼顾环保与发展的产业园区发展模式，将理论与实践紧密结合，具有较强的参考性和借鉴价值。

本书共设置11个章节。第1～2章重点评述产业园区发展状况，阐述环保共性产业园理论基础。第3～5章分析中山市环保共性产业园规划建设的背景。第6 ～ 9章为中山市环保共性产业园规划研究的核心，介绍环保共性产业园规划的指导思想、目标、布局、准入条件、建设管理要求以及支撑体系。第10章主要介绍中山市环保共性产业园已建情况，并对典型案例进行剖析。第11章探讨环保共性产业园实施与保障措施。

本书在编写过程中得到了中山市生态环境局、中山市环境保护科学研究院有限公司、中山市环境保护技术中心、中山大学地球环境与地球资源研究中心、广州碳中和科学研究院、广东埃文低碳科技股份有限公司、广东省发展和改革委员会“双碳”专项“广东生态产品价值实现机制研究”课题组的技术支持。黄海山、陆海云、彭少邦、周英杰、李争义、赖彩秀、朱瑞欢、伍婉华、林苑柔、张宇、王奎、罗旌生、梁素敏、杨丽、蔡文敏、林星雨、钟晓青、彭澎、梅林海、温春阳等从各个不同侧面提供了支持和帮助。

本书是源于粤港澳大湾区中山市环保共性产业园的探索，书中存在不足和疏漏之处在所难免，敬请读者提出修改建议。

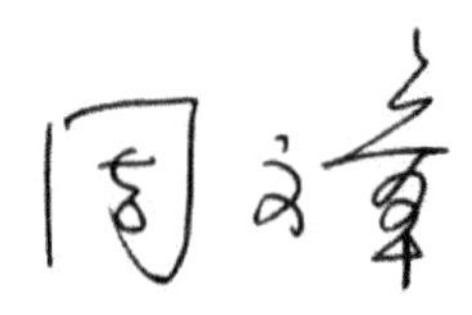

中山大学地球环境与地球资源研究中心主任，

教授、博士生导师

中国可持续发展研究会理事

第十、十一届广东省政协常委

2022年11月于中山市

目录

11. 中山市环保共性产业园规划的实施与保障 182

附图 187

1.

产业园发展状况

- 产业园区的基本内涵
- 国外产业园发展状况
- 国内产业园发展状况

1.1　产业园区的基本内涵

1.1.1　产业园区的定义

产业园区最早在19世纪末作为一种规划、组织和管理工业发展的手段出现在工业化程度比较高的西方国家。第二次世界大战后，美国在发展经济和城市建设过程中，为了更好地促进工业发展，对特定类型、特定产业集群的企业进行集聚，推动资源整合和联动发展，从而形成了现代产业园区的雏形。1951年，美国斯坦福科学工业园（后发展为全球最大的电子工业基地“硅谷”）的成立，开创了世界各国建设产业园区、发展特色产业的先河。现今世界范围内各种名称和类型的产业园区已经成为发展现代工业及高新技术产业的重要基地，对各个国家和地区乃至全世界的发展都发挥了重要的推动作用。

“产业园区”是一个宏大的概念，涉及的类型众多。由于发展背景和各国国情的差异，不同国家和地区对产业园区的定义也不尽相同，目前国内外对产业园区还没有一个统一的定义。国外学者[1]将产业园区定义为“政府为企业划分的多个企业共同使用的特殊区域，区域内的企业相互毗邻并共享基础设施”。国内一些学者[2]从产业地理集聚的角度，将产业园区的概念限定为集聚一定数量的企业、并享受一定政策优惠的特定地理区域。也有研究者[3]认为产业园区是一个集合的概念，属于产业地产范畴，并且涵盖了总部基地、产业转移园区等类型。

结合当前我国产业园区设立和建设的情况，以及国内外的综合论述，对产业园区的概念做出如下定义：产业园区是指在一定的产业政策及区域政策的指导下，以土地为载体，通过提供基础设施、生产空间（如写字楼、研发楼、厂房、仓库、技术平台等）及综合配套服务，吸引特定类型、特定产业集群的内外资企业投资、入驻，形成技术、知识、服务、资本、产业、劳动力等要素高度集结并向外围辐射的特定区域。产业园区的产业内容、发展方向、功能布局必须围绕促进当地经济健康、有序发展这一根本目标[4]。在我国，具备产业或者经济特征的区位环境如国家级经济开发区、文化产业园、企业孵化器等均属于产业园区的范畴。

1.1.2　产业园区的类型

长期以来，由于缺乏统一的定义，产业园区名目繁多。工业园区、开发区、科技园区等概念与产业园区交替使用的现象频繁，其中以工业园区与产业园区的混淆最为常见[5]。根据国家统计局2018年修订的《三次产业划分规定》，“产业”这一概念可以划分为第一产业、第二产业和第三产业。第一产业包括农、林、牧、渔业；第二产业通常指工业，包括采矿业、制造业、电力、热力、燃气及水生产和供应业、建筑业；第三产业即服务业[6]。按照这一划分规定，工业、技术开发等仅仅是产业中的一部分。因此，产业园区也就包含了工业园区、科技园区、开发区等。

根据不同分类角度，产业园区可以分为不同的类型。

① 根据产业性质划分，产业园区可以分为工业园、科技园、农业园、物流园和文化创意园（表1-1）。

表1-1　根据产业性质划分的产业园区类型及特征

园区类型	园区特征
工业园	（1）以工业产业内的某一产业为依托、具有明确的空间界限、以工业生产企业为主导的集聚区； （2）区域空间内有多个建筑物、工厂以及各种公共设施
科技园	以高科技企业为核心，以研究、开发和生产高技术产品为目的，集科技研发、企业孵化、科技产品交易等多项功能为一体的产业集聚区
农业园	（1）现代农业在空间地域上的集聚区； （2）由政府引导、企业运作，用工业园区的理念来建设和管理，以推进农业现代化进程、增加农民收入为目标，集农业生产、科技、生态、观光等多种功能为一体的综合性园区
物流园	（1）多种物流设施和不同类型物流企业的集聚区； （2）具有仓储、包装、装卸、加工、配送等多种服务功能的货物集散地
文化创意园	（1）一系列与文化管理相关、产业规模集聚的特定地理区域； （2）具有鲜明文化形象并对外界产生一定吸引力的集生产、交易、休闲、居住为一体的多功能园区

注：资料来源于文献［4］。

② 根据园区发展定位划分，可分为配套支撑型、共同发展型和“多核”驱动型3类（表1-2）。

表1-2　根据园区发展定位划分的产业园区类型及特征

园区类型	园区特征
配套支撑型	（1）以优势产业为主导，其他产业提供配套支撑的产业集聚区； （2）园区定位明确，主导产业优势突出，可以引领上下游产业的发展，并形成完整的产业链
共同发展型	（1）多数为综合型园区，产业间关联度不高； （2）园区内部通过项目对接、管理输出、品牌输出等方式，促进园区自身资源要素优化整合
“多核”驱动型	（1）园区内部产业领域众多，主导产业优势不明显； （2）通过“二次创业”形式推动园区发展

注：资料来源于文献［4］。

1.1.3 产业园区的优势功能

产业园区是区域经济发展和产业调整升级的重要引擎，以空间聚集形式出现。它的优势功能是多维度的，包括以下几个方面。

（1）聚集创新资源

产业园区作为政府在基础设施方面的投资区域，是一种吸引外资和资源整合的重要政策手段。作为区域经济发展的重要助推器，产业园区承载着区域主导产业的合理链接与配套作用，同时为多种类型的企业构建了适合企业发展与提升的平台。

产业园区能有效地创造聚集力，通过产业园区内部运营商的产业链招商和运营，在规模空间里推动大量产业集群实现线下汇聚，建立起企业相互之间信任和共同的认知基础，并对传统产业价值链进行网络、系统化改造，可以突破传统产业链上下游关系，加强产业园区内成员之间的互动与交换，实现创新资源的跨界融合[7]。

（2）培育新兴产业

产业园区具有企业孵化功能，通过为中小企业提供良好的基础设施条件、政策优惠、技术咨询、产品推广等方面的支持，加快高新技术成果、科技创新型企业的培育和孵化进程，降低中小企业的创业风险和成本，提高企业成活率，并促使科技成果尽快形成商品进入市场，帮助新兴企业成熟壮大[4]。

（3）推动城市化建设

产业园区作为产业发展的重要载体，往往向产城融合方向演化，最后成为城市的重要组成部分。产业园区凭借着自身的发展需求和特色，与城市整体发展布局紧密联系。作为推动区域经济快速发展的重要主体，产业园区的结构调整、技术优化以及生产要素的有效利用是提升现代城市竞争能力的重要途径。

产业园区的发展可以促进新老城区一体化。随着产业园区规模的日益壮大，势必会从周边地区移入大量的生产要素，其中包括土地、劳动力等要素。在此过程中，农业用地转化成非农业用地，农村地区演变为城市地区，农业劳动力变成城市劳动力，农业人口转变为非农业人口。此外，产业园区还从所在区域以外的地区吸引了大量的从业人员，变相增加了城镇人口的比重，在提升工业化水平的同时也推动了城市化的发展。

此外，产业园区凭借其在政策扶持、基础设施、服务管理等方面的优势吸引聚集了大批的高新技术企业和专业型人才，为新技术、新工艺的形成提供了必要条件，并进一步推动了地区科技水平的进步和技术市场的形成。

1.1.4 产业园区的理论基础

由于产业园区的特殊意义，许多研究者从企业成长和区域经济发展等角度展开深入研究，建立了产业集群理论、工业生态学理论、可持续发展理论、循环经济理论、共享经济理论等经典理论体系。这些理论一方面用来解释产业园区与周边地区发展之间的关系，另一方面可以为科学规划产业园区建设发展提供理论指导。

1.1.4.1 产业集群理论

产业集群理论是研究产业园区发展模式的重要方向。哈佛大学迈克尔·波特（Michael E. Porter）最早将产业集群现象定义为相关企业和机构在某一特定区域的地理集中现象[8]。

新古典经济学家马歇尔（Marshall）是第一个比较系统地研究产业集群现象的经济学家。1890年，他在其经典著作《经济学原理》一书中首次提出规模经济这一重要概念，并把规模经济分为两种类型[9]：第一类是指在特定区域内由于某种产业的集聚发展所引起的该区域内生产企业成本的整体下降，马歇尔将其定义为外部规模经济；第二类是取决于从事工业的单个企业和资源，并将其定义为内部规模经济。通过对英国传统工业组织的集群现象研究，马歇尔发现外部规模经济和产业集群之间存在密切的关联，他认为产业集群是企业为追求外部规模经济而形成的。马歇尔将这种大量相似类型的中小企业在特定地区的集聚现象定义为“产业区”，其本质等同于现代意义上的“产业集群”。

也有一些学者尝试以“纯理论”的方式来定义产业集聚。德国经济学家韦伯研究工业区位，在1909年发表的《工业区位论》中提出“集聚经济”的概念。他认为企业对于区位的合理选择和集聚能够带来成本的节约，当若干企业集聚在同一地点时，可以通过基础设施等资源的共享而为这些企业带来更多的收益并降低不必要的成本。这是企业集聚所带来的积极作用，也是产业集聚的形成原因。当产业集群发展到高级聚集阶段后，便可实现集聚经济[10]。韦伯的研究重点集中在产业在空间概念上的集聚，特别是产业从分散到集中的空间转换过程，并将集聚行为作为节约成本的一种方式。

增长极理论也是产业园区发展理论体系中的重要组成部分。法国经济学家佩鲁（Francios Perroux）在分析空间范围内经济的不平衡增长问题时最早提出来增长极的概念。他认为经济增长并不是同时出现在所有地方，而是以不同的强度出现于一些增长点或增长极上，然后通过各自的渠道向外扩散，从而形成以增长极为核心、周边地区不均衡增长的地区性经济综合体[11]。增长极理论[12]强调政府在产业集聚形成、发展过程中的重要作用，认为当政府对某一推动性产业进行扶持时，就会产生围绕这个推动性产业的集聚，形成创新能力，再通过乘数效应及扩散效应，推动周围地区经济的发展，进而带动区域经济发展。

虽然在马歇尔和韦伯时期就已经产生了产业集群的思想，但一直没有引起广泛的关注，直到美国经济学家迈克尔·波特正式提出产业集群的概念，产业集群的研究才重新受到重视。20世纪90年代，迈克尔·波特在其著作《国家竞争优势》中创新性地从竞争力角度对产业集群现象进行剖析，提出了著名的“钻石模式”理论，把产业聚集理论与区域竞争力理论完美地结合在一起，为产业聚集的形成机制提供了新的见解。其核心观点认为产业聚集增强了企业相互间作用的强度，同时也推动了企业创新能力的培养，促进了核心竞争力的形成[13]。

而后，美国经济学家保罗·克鲁格曼补充和完善了波特的理论。以克鲁格曼为代表的新经济地理学派从全新的角度来研究聚集经济和产业聚集现象，首次从企业层面引入规模报酬递增和不完全竞争的理论，在分析数理模型的基础上认为产业聚集是不完全竞争经济学、递增收益、路径依赖、累积因果关系与范围经济共同作用的结果，使产业聚集理论更具有科学性和现实性[14]。这标志着产业聚集理论进入了一个全新的发展阶段。

我国对产业集群理论体系的研究起步较晚，始于20世纪90年代。王缉慈[15]较为系统地概括了产业集聚理论与新产业区理论，并指出培养具有地方特色的企业集群、营造区域竞争环境、强化区域竞争优势是增强国力的关键。李君华等[16]以制度因素为切入点，以知识与信息为连接点，对专业化条件、竞争机制和关系网络三种制度因素共同影响下的集群效应进行分析，并将产业集群的竞争优势归结为技术优势和创新。张辉[17]从正反两方面论证了产业集群发展的内在经济机理，突出了产业集群是一种介于市场和等级制之间的新的空间经济组织形式。赵骅等[18]通过对公共政策和技术创新这两个影响产业集群发展的外因和内因进行分析，认为公共政策和技术创新的结合是产业集群向健康方向演进的有效手段。

1.1.4.2 工业生态学理论

工业生态学，也被称为产业生态学，是一门以生态学理论和可持续发展理念为基础，研究工业或产业与自然生态系统之间相互作用、相互关系的学科[19]。工业生态学具有广阔的外延，其研究范围不仅涵盖了工业，还可扩展到第一产业、第三产业。作为一门交叉学科，工业生态学通过引入生态学的概念与基本原理，形成了一系列的研究成果。

（1）生态结构重组理论

该理论的核心内涵是在不同层次（宏观、中观、微观）上提高工业体系运转过程中的各个环节资源（包括物质和能源）的利用效率[20]，这也是工业生态学研究的本质诉求。

（2）工业生态群落理论

起源于对自然生态系统中不同生态群落之间的特征关系研究，是生态群落理论在工业体系的扩展应用。该理论的目的是在工业系统中寻找最优化的工业活动组合，最终实现物质与能量的最大化利用，其理论实践包括工业共生体系[21]、生态工业园区[22]、工业联合体[23]等。

（3）工业代谢理论

起源于工业体系运行过程中所有物质和能量的流动与储存数量对环境的影响研究，是一种系统分析方法[24]。该理论分析了原材料和能源的转化为最终产品和废物的所有过程及其动力学机制，为实现资源的最优化配置管理以及为决策者制定经济高效的可持续发展战略提供科学依据。

（4）工业生态系统三级进化理论

主要针对工业系统与自然生态系统之间的关系研究，将工业系统视为一类有赖于生物圈提供的资源和服务，具有物质、能量和信息流动的特定分布的生态系统[25]。该理论通过对工业生态系统与自然生态系统对比，分析工业生态系统的组成及其进化特征，并根据系统内部资源与产生的废弃物的利用率将工业体系分成三级[26]，理想状态下三级工业生态系统即为可持续生态系统。也有学者[27]认为在不可再生资源的驱动下，现有的工业体系最终会向三级工业生态系统靠拢，并与自然生态系统融合，实现物质以循环利用的方式闭环运行。

1.1.4.3 可持续发展理论

可持续发展理论可以为产业园区的发展提供理论指导。

可持续发展思想最早可以追溯到马尔萨斯的“人口论”以及英国古典经济学家大卫·李嘉图的“资源相对稀缺论”。马尔萨斯[28]在其1798年所著的《人口原理》中详细阐述了其对于人口与资源之间关系的核心观点，即人口总数的不断增长最终将引发地球生态的失衡，对地球承载力造成毁灭性的冲击，这一观点的提出引发了关于人类社会可持续发展的思考。大卫·李嘉图[29]通过假定人口不断增长以及土地数量恒定，从土地边际收益递减规律出发，深度揭示了经济发展终究受限于既定自然资源的匮乏度，其本质也是影响和制约经济可持续发展的根本问题。

可持续发展理论体系的形成与成熟主要体现在联合国等国际组织发表的几个重要文献当中。1972年，可持续发展理论在斯德哥尔摩联合国人类环境研讨会正式提出。1980年，世界自然保护联盟（IUCN）发表的《世界自然资源保护策略：为了可持续发展的生存资源保护》中比较系统地解释了可持续发展理论[30]。1987年，世界环境与发展委员会向联合国提交的一份名为《我们共同的未来》的报告中系统地概括了可持续发展理论的内涵并提出了一个普遍接受的关于可持续发展的概念，即“在满足当代人生存需求的基础上，不损害后代人满足其需求能力的发展”[31]。

可持续发展理论强调的是人与自然的和谐发展、人类社会与自然环境的整体共存，不能以牺牲生态环境为代价来发展经济，应当全面考虑整体与局部之间的关系。同理，对于产业园区，其发展也是内部各个要素相互协同的结果，既要重视产业园区经济的发展，也不能忽视园区内外生态环境的影响。

国内对产业园区可持续发展理论研究的侧重点在综合协同的角度，关注产业化与城镇化如何良好互动的问题。有学者[32-34]重点研究产业园区可持续发展模式和评价指标体系，也有一部分学者[35]从城园一体化的角度思考工业园区的发展，提出构建工业园区与城市互动发展的新模式；也有一些学者[36]从产城共建的角度，推动产业与城市的协调可持续发展；此外，有学者[37]认为产城融合要重点关注以人为本，应当将城市资源合理分配，重视人的生产生活，包括就业和居住环境，从而吸引更多的人才进入园区，增加园区内人才的聚集。

1.1.4.4 循环经济理论

产业园循环经济建设对促进园区内企业组建新型合作关系、改进经济发展质量、产业生态化转型等有着积极的意义，同时也是我国按照科学发展观，走新型工业化道路的必然要求。

循环经济的思想起源于美国经济学家肯尼思·博尔丁（Kenneth E.Boulding）于1966年提出的“宇宙飞船经济理论”。他认为地球就像在太空中的宇宙飞船，依靠不断消耗自身有限的资源而生存，如果对飞船有限的资源进行过度消耗，超过其承载能力，就会加速飞船的毁灭；反之，如果对飞船的资源加以循环利用，就会延长飞船的寿命[38]。此后，人们逐渐认识到人类社会的经济活动应该从线性特征转向反馈特征。20世纪90年代，发达国家为了提高综合经济效益，避免环境污染，开始以生态理念为基础，重新规划产业发展，提出了循环经济的发展思路。1990年，英国环境经济学家戴维·皮尔斯与科里·特纳（Pearce, D.W.& Turner, R.K）在其所著的《自然资源和环境经济学》一书中首

次使用了“循环经济”一词，并对循环经济做了详细定义，即循环经济是一种以资源的高效利用和循环利用为目标，以减量化、再使用、资源化为原则，以物质闭路循环和能量梯次使用为特征，按照自然生态系统物质循环和能量流动方式运行的经济模式，属于资源节约型和环境友好型的经济形态[39]。此后，众多国外学者从不同角度开展了循环经济相关理论的研究，有部分学者[40]重点关注某些具体领域循环经济的应用和实现手段的研究；也有学者专注于研究不同资源的循环利用，如包装材料[41]、纸张[42]等。在循环经济的经济政策、手段、立法等方面，有学者[43]提出了推行生态型经济的策略。随着研究的不断深入，循环经济的概念和方法论体系也逐渐完善和成熟。

20世纪90年代后期，循环经济的概念被引入我国，并很快得到国内的重视。经过了一段时期的探索，很多学者与专家都做了相应的研究并发表了成果。在研究发展循环经济的具体措施方面，段宁[44]对清洁生产、生态工业与循环经济三者之间的协同关系进行研究，探讨了循环经济对提升我国国际竞争力的重要性；杨久俊等[45]对材料工业与循环经济和可持续发展战略的关系做了论述，提出由循环材料推动循环经济的设想；耿勇等[46]在实践基础上对生态工业园建设进行了积极的探索；在循环经济的内涵、原则、特征等基础理论研究方面，陈赛[47]对循环经济及其法律调控模式进行研究，阐明了循环经济对环境保护立法的启示；吴季松等[48]从科技、经济和社会的关系角度对循环经济进行解读，认为循环经济是一种生态经济、一种新的经济增长模式、一种新的技术范式或是科技、经济和社会三者整合的经济；解振华[49]从政策的角度出发，详细论述了发展循环经济的重大意义、模式和前景，提出了我国发展循环经济的理论和政策建议。

1.1.4.5　共享经济理论

共享经济作为一种新的经济形态，伴随着新一代互联网、大数据等信息技术及其创新应用而迅速发展。它依托互联网平台，以共享生产要素及资源的使用权为核心，不断提升传统经济模式的质量和效率，对指导产业园区的绿色转型和产业升级具有理论与实践意义。

共享经济的概念雏形起源于研究消费者与消费者之间的合作消费模式。它可以定义为“一个人或多个人的共同消费经济产品或服务”[50]。目前学术界对共享经济的概念定义尚未统一，国内外学者对共享经济理论研究的方向和侧重也存在分歧。具体而言，在共享经济的概念界定方面，国外有研究者认为共享经济是一种具备“组织分享、交换、借用、交易、租赁、赠送以及互换”的体系[51]，也有部分学者从资源闲置的角度分析，认为共享经济是利用资产闲置部分价值而减少所有权需求的一种商业行为[52]。伴随着共享经济的观念和模式在交通、金融、物流、制造等领域的推广及应用，其概念范围也随之发生改变和延伸，有学者从共享和经济两个层面展开深入研究，认为共享经济是一种组织或个人通过互联网平台，将闲置资源短时出租以获取收益的新型经济模式[53]。也有研究者从使用权的角度出发，将共享经济的定义概括为个人或组织以转让产品或服务的使用权等方式获取收益，同时提高资源的公共化程度，进而提升资源的使用效率[54]。

国内的研究者对于共享经济理论的研究，主要聚焦于共享经济的概念厘清、共享资源的界定以及发展模式研究。有学者将共享经济的范围限定在闲置资源上，认为共享经济是个人或机构通过暂时性转让闲置资源的使用权从而获得收益[55]；也有学者认为共享对象不应局限于闲置资源，还应包括技术、空间、时间等[56]。在共享经济的发展模式研究方面，有学者对共享经济的运营模式和内在经济规律进行分析并探讨了我国发展共享经济所面临的机遇与挑战[57]；也有学者根据共享经济企业的成功案例，对我国共享经济的发展模式以及创新机制进行深入剖析[58]。

在产业应用层面，共享经济发展模式除了应用于消费和服务领域外，也有部分学者将重心转向制造业，探索基于制造业的产能共享模式，加快共享经济与制造业的融合。有学者从共享制造发展的驱动力、限制因素以及政策法规等角度探讨了我国共享制造平台的发展[59]；也有学者通过对实际案例进行分析，揭示出服务型制造企业共享创新模式的实现机制[60]；此外，还有一些学者从共享制造实现的技术层面进行研究，全面剖析了共享制造的计划体系及管理需求[61]。

与传统经济模式相比，共享经济通过互联网平台的技术支撑，将共享资源提供给有需求的用户，避免资源闲置的同时极大地提升了资源的利用效率，无疑是一种更符合生态环保和绿色发展的经济模式，为破解产业园区内部及其周边区域的环境保护难题提供了一种新思路、新模式，是促进经济社会绿色高质量发展的新经济革命。

1.2 国外产业园发展状况

1951年，斯坦福科技园的创立，开启了世界各国产业园区发展的先河。为了更好地规划、组织和管理产业发展，世界各国制定了各种产业区域开发政策，建立了各种类型的产业园区。由于各国国情和发展阶段不同，所设立产业园区的种类和名称也不尽相同，例如出口加工区、自由贸易区、工业园、科学园、科技园、经济技术开发区、高新技术产业开发区、生态工业园区、创意产业园区等。

整体上，产业园区可以划分为两大类型：一类是关注单一的短期性经济增长目标的传统产业园区；另一类是关注多元的长期性综合发展目标的现代产业园区[62]。

传统产业园区在形成时间上早于现代产业园区，多以发展制造业为主，强调加工制造环节，主要有起源于发展中国家的出口加工区和起源于发达国家的工业园。

现代产业园区在传统产业园概念的基础上进行延伸与扩展，其发展重心更偏向于高新技术，同时集成了生产、研发、交易等功能。现代产业园区的发展与成型面临冷战后期的经济复苏、全球性的能源危机、科技创新软硬实力的全球性竞争等发展形势，具有较为明显的问题导向特征，是引领不同国家和地区转型方向的旗舰地带。

1.2.1 发展进程

回顾国外产业园的发展历程，大体上可分为三个阶段[63]。

（1）第一阶段：1951~1980年的缓慢发展期

继斯坦福科技园建立之后，从20世纪50年代末至60年代初，许多国家和地区开始兴办各种类型的产业园区。1968年开始，日本着手实施筑波科学城计划[64]；在西欧，英国、法国是建立科技型产业园区较早的国家。1972年，英国在赫利奥特·瓦特大学（Heriot Watt University）建立了第一个科技园[65]，1975年又建立了著名的剑桥科技园[66]，此后又相继建立了众多科技园区；1969年，法国开始建设索菲亚·安蒂波利斯（Sophia Antipolis）科技园[67]。

这一阶段的主要特点是：

① 产业园区数量比较少，且发展速度缓慢，至1980年全世界大约只有50个；

② 产业园区基本上都分布于欧、美、日等发达地区和国家中；

③ 少数科技型园区成效显著，起到良好的示范作用。

（2）第二阶段：1981~1990年的快速发展期

20世纪80年代之后，世界各国对产业园区建设的投入逐年增加。在这一阶段，美国在科技园的建设上继续领先于世界各国，至1989年年底美国已设立了141个科技园；同期，西欧一些国家科技园区发展比较迅猛。20世纪70年代初，西欧工业生产开始主要向微电子、宇航、原子能等知识和技术密集部门转移；到80年代，发展步伐加快，这些科技园区如雨后春笋，蓬勃兴起。自1984年，法国在波尔多、马赛、斯特拉斯堡、里昂、图卢兹等地建立科技园区；德国虽然起步较晚，1983年依托柏林工业大学建立西柏林革新与创业中心，但是发展很快，到1990年建立了70多个科技园。意大利、西班牙、荷兰、比利时、爱尔兰、瑞典、苏格兰以及北美洲的加拿大、大洋洲的澳大利亚等国也建立了各种不同形式的科技园区[68]。

自20世纪80年代以来，一些新兴工业化和发展中国家及地区，面对世界兴建科技园区的热潮也不甘落后，相继创建了一批科技园区，如新加坡（肯特岗）、印度尼西亚、印度等。

这一阶段产业园区发展的主要特点是：

① 科技型园区的发展速度较快，同时园区规模和分布范围也越来越广，10年间新增科技园500多个，使世界科技园区总数增至641个；

② 一些发展中国家和地区开始建设科技园，使科技园的分布扩大到34个国家和地区；

③ 科技型园区在各国和地区经济发展和产业升级中发挥了极为重要的带动作用，部分发达国家的科技园区成为世界的高科技制造中心与研发中心，其产业化水平基本代表了世界上的最先进技术水平[69]。

（3）第三阶段：1991年至今的扩散发展期

1991年以来，发达国家的产业园区发展速度逐渐趋于平稳的同时，发展中国家和地区开始奋起直追，科技园区建设发展迅猛。发展中国家和地区依靠廉价劳动力的优势制订相应的优惠政策，调动各方面的积极性，开展技术合作与交流，把科技园区作为本国高技术商品化、产业化和国际化的基地，兴建了各种类型的科技园区，如巴西的里约热内卢工业技术园、印度的班加罗尔（Bangalore）软件科技园区等。

科技园区的建立和发展不仅促进了这些国家和地区科学技术本身的发展，而且在促进传统产业改造、开发地区经济以至带动国家经济发展等方面起到了积极作用[70]。

1.2.2 发展类型

（1）通过空间集聚资源联动的发展类型

以美国硅谷为例，这种发展类型的产业园主要围绕当地城市产业价值链从地域方面进行资源整合，实现上下游联动。依托地域相近、相邻的功能类似或相同的各类园区或者园区载体实现空间集聚，从而形成一区多园的产业集聚区，便于更好地发挥联动作用。从地理位置上看，部分相互邻近的产业园区又进一步通过资源整合及联动发展，为更多园区企业集聚提供了更加广阔的平台空间，形成了具有园区特色的服务链和价值链，更加充分地发挥了产业园区的集聚效应，形成良性循环的联动发展。

（2）通过产业集聚资源联动的发展类型

以新加坡的裕廊产业园区为例，主要依托功能相近或者产业链上下游中的产业园区，围绕统一的产业定位，以产业的迅速发展与纵向延伸作为纽带，整合核心产业园区的公共资源实现共享共用，从而形成一系列延伸园区，最终构建成一区多园的产业园区联动发展格局。

（3）通过品牌园区连锁联动的发展类型

以德国慕尼黑的高科技产业园区为例，产业园区内部设有专业的开发运营公司，通过提供规划设计服务、土地建设服务、租赁开发服务、物业开发服务或管理服务输出等方式，打造产业园区的管理品牌，构建各类园区连锁式开发运营模式，最终更加方便地实现资源整合和联动发展。例如，慕尼黑生态科技园、慕尼黑信息产业科技园、宝马汽车产业园、西门子电器产业园等，都与慕尼黑高科技产业园区有密切关系，通过慕尼黑高科技产业园区的品牌扩散形成了联动发展的局面。

产业园区的发展类型并不是一成不变的，而是处在动态演进不断发展状态。园区在某个发展阶段可能具备一种或者两种不同的发展类型，在不同的时期又使用了不同的管理模式。以硅谷为例，硅谷首创了科学研发、技术改进、产业集聚三位一体的发展模式，既体现空间集聚又体现了产业集聚，这种现象是科学技术不断发展呈现出的新经济形态，也是整个高科技产业资源整合和联动发展过程中的最大特点。

1.2.3 发展模式

产业园区超越了社会制度、经济发展水平和地域上的限制，在世界范围内得到了普遍的发展和成功。从不同的角度去总结产业园区的发展模式，可以得出不同的发展模式分类。

从政府和市场发挥职责的角度分析，产业园区大致可以分为政府主导型、市场主导型以及混合发展型3种模式[71]（表1-3）。

表1-3 根据政府和市场发挥职责划分的产业园区发展模式及特征

发展模式	园区特征
政府主导型	（1）发展中国家和地区的产业园区多采用此种模式发展； （2）此类园区的所在地综合优势不明显，条件不充分，因此需要政府力量作为推动力； （3）具有集中统一、权威高、规划性强的特点
市场主导型	（1）多见于市场经济体制发展成熟的发达国家，如美国、英国等； （2）私人经济占主导地位，国有经济比重较小； （3）市场自发调节作用大，政府参与管理和干预的程度较低
混合发展型	（1）产业园区的发展同时具有市场运作和政府调控两种属性； （2）有较好的外部发展条件； （3）欧洲的法国和德国均采用此种发展模式

从园区产业演化机制的角度可以分为优势企业主导型、中小企业集聚型以及复合型3种发展模式[72]（表1-4）。

表1-4　根据产业演化机制划分的产业园区发展模式及特征

发展模式	园区特征
优势企业主导型	（1）其形成主要是地区有大的特色企业或是政府通过实行政策推动等措施形成优势企业； （2）优点是产业间集聚功能强、竞争优势显著、产业链体系完善、容易形成规模经济； （3）缺点是一旦优势企业出现问题，整个园区的经济运行都会受到影响
中小企业集聚型	（1）以中小企业为构成主体，典型的市场主导型发展模式； （2）优点是通过大量中小企业间的网络关系，克服了由于企业规模小，导致难以在市场上获得资金、技术与市场份额等方面的困难； （3）缺点是产业链不够完整，难以形成规模经济
复合型	（1）介于上述两种发展模式之间，规模可大可小； （2）产业集聚区竞争优势差距明显、层次性较强

1.3　国内产业园发展状况

深圳蛇口产业园于1979年设立，是我国第一个现代意义产业园的起点。迄今为止，中国产业园的发展已经有超过40年的历史，园区的建设发展不仅取得辉煌的成绩，同时也带动了城市经济的发展，为城市发展提供了空间拓展的重要平台。除此之外，产业园发展也为城市产业升级起到了引领作用，不仅使郊区城市化速度得到了提升，城市空间结构也更加合理优化。

粤港澳大湾区在我国国家发展大局中具有重大的战略地位。它对标世界著名的纽约、旧金山和东京湾区大湾区，是目前我国开放程度最高、经济活力最强、参与国际竞争最多的区域之一，区位优势明显、产业体系完备、集群优势突出、创新要素集聚。推进粤港澳大湾区建设是习近平总书记亲自谋划部署的国家战略，也是落实创新、协调、绿色、开放、共享新发展理念的重大举措。

由于粤港澳大湾区内的产业园区在发展过程中具备不同的发展优势和发展经验，其产业发展模式、发展布局与规划经验，对于国内其他城市、城市群的产业转型升级、绿色可持续发展具有重要的借鉴意义。同时，深入研究粤港澳大湾区的产业发展现状、产业结构特征以及先进产业园区发展模式，归纳总结其建设发展的亮点，可以为中山市共性工厂、环保共性产业园的建设管理提供实践参考依据。

1.3.1 产业发展现状

粤港澳大湾区占地面积5.6万平方千米[73]，囊括珠江三角洲九市以及港澳两区的大型湾区城市群，是中国建设世界级城市群和参与全球竞争的重要载体。湾区经济体量巨大，2021年生产总值约为12.6万亿元人民币[74]，产业链相对较为完善，已经形成了围绕电子信息产业链各环节的高端制造集群，和以批发零售、房地产、金融业为主的服务型产业体系[75]。

粤港澳大湾区的产业发展，突出表现为高端制造基础扎实，经济支柱产业及电子信息集群优势明显。大湾区内部各城市产业梯度分明，具有协同升级的基础；创新以企业应用为导向，企业创新动力强，研发投入占比高。

从产业分布情况来看，粤港澳大湾区逐渐形成了由数个邻近城市组合而成的城市产业集群，内部各城市间存在不同的城市产业发展定位。珠江东岸以深圳、东莞、惠州为代表，形成了以高新技术制造业为主的产业集群。沿珠江分布有广州、佛山、肇庆等城市，形成了具有市场高占有率的传统制造业集群。珠江西岸以中山、珠海、江门形成西岸城市群，以白色家电制造、灯具制造、纺织服装、电器机械等产业为主，支柱产业较为分散，优势产业规模偏小，整体上偏向传统产业，但在医药、旅游等一些新兴产业上开始发力。整体而言，珠江三角洲九市目前已初步形成以战略性新兴产业为先导、先进制造业和现代服务业为主体的产业发展模式。香港特别行政区和澳门特别行政区则以现代服务业为主导，金融、商贸、科技实力领先[76]。

1.3.2 产业规划与布局

（1）产业规划

根据《粤港澳大湾区发展规划纲要》[77]，粤港澳大湾区要构建具有国际竞争力的现代产业体系，深化供给侧结构性改革，着力培育发展新产业、新业态、新模式，支持传统产业改造升级，加快发展先进制造业和现代服务业，瞄准国际先进标准提高产业发展水平，促进产业优势互补、紧密协作、联动发展，培育若干世界级产业集群。

对于制造业，要增强制造业核心竞争力。围绕加快建设制造强国，完善珠三角制造业创新发展生态体系。推动互联网、大数据、人工智能和实体经济深度融合，大力推进制造业转型升级和优化发展，加强产业分工协作，促进产业链上下游深度合作，建设具有国际竞争力的先进制造业基地。

对于战略性新兴产业，要依托香港、澳门、广州、深圳等中心城市的科研资源优势和高新技术产业基础，充分发挥国家级新区、国家自主创新示范区、国家高新区等高端要素集聚平台作用，联合打造一批产业链条完善、辐射带动力强、具有国际竞争力的战略性新兴产业集群，增强经济发展新动能。

对于现代服务业，构建现代服务业体系。聚焦服务业重点领域和发展短板，促进商务服务、流通服务等生产性服务业向专业化和价值链高端延伸发展，健康服务、家庭服务等生活性服务业向精细和高品质转变，以航运物流、旅游服务、文化创意、人力资源服务、会议展览及其他专业服务等为重点，构建错位发展、优势互补、协作配套的现代服务业体系。推进粤港澳物流合作发展，大力发展第三方物流和冷链物流，提高供应链管理水平，建设国际物流枢纽。支持澳门加快建设葡语国家食品集散中心。推动粤港澳深化工业设计合作，促进工业设计成果产业化。

（2）产业布局

从粤港澳大湾区的城市功能定位来看[77]，广州市、深圳市和珠海市是交通枢纽城市，多为科技产业创新中心，以知识密集型产业为主。佛山市、东莞市和中山市是先进制造业创新中心，以技术密集型产业为主。肇庆市、江门市在传统制造业有明显的优势；香港特别行政区以金融业、航运和外贸立足世界。澳门特别行政区以博彩业、旅游业形成了产业聚集，同时是葡语国家商贸合作的重要平台。

具体而言，广州市正在大力发展新一代信息技术、人工智能以及生物制药等战略性新兴产业，将石油化工产业和钢铁产业转移至湛江市。深圳市与东莞市、惠州市的产业发展与合作水平较高且范围较广，当前已形成以电子信息、人工智能、生物医药、新材料、新能源汽车制造等为代表的产业集群。佛山市是广东省重要的制造业中心，其物流服务业发展水平较高，并且以制造业创新发展为方向，通过建设特色的产业基地，充分发挥产业集聚效应，加快其产业升级。肇庆市承接广州、佛山两市的传统产业，进行产业转型升级并形成集聚。中山市位于粤港澳大湾区的几何中心，对接广州市、深圳市的产业配套，主要布局发展新一代信息技术产业、高端装备制造、生物医药等产业，同时加快推动传统产业升级，致力于建成科技创新研发中心。江门市定位为工业强市，目前正在推动与港澳合作建设大广海湾经济区，拓展在金融、旅游、文化创意、电子商务、海洋经济、职业教育、生命健康等领域的合作。珠海市具备发展休闲旅游、医药研制的产业集群基础，同时通过建设航空产业园、通用航空产业综合示范区，大力推动战略性新兴产业的发展[78]。香港特别行政区和澳门特别行政区作为大湾区对外开放的重要渠道，从金融、商贸、旅游等方面推动湾区城市群的对外发展，同时吸引更多的国际创新资源进入湾区，进一步提升大湾区的发展质量和创新活力。

1.3.3 产业园区发展模式

（1）东莞松山湖科技产业园区

松山湖科技产业园区位于大朗、大岭山、寮步三镇之间，地处东莞市的几何中心，规划控制面积72km^2，其中湖面面积8km^2。2001年11月，经广东省人民政府批准成为省级高新技术产业开发区，2002年5月被科技部评为“中国最具发展潜力的高新技术开发区”。

松山湖科技产业园吸取了以往珠江三角洲地区“先污染后治理”发展模式的教训，在建设之初就充分认识到“先规划，后建设”的重要性以及生态环境的巨大价值[79]，园区的建设规划以生态工业理论为指导，着力于园区内生态链和生态网的建设，最大限度地提高资源利用率，实现园区清洁生产，同时发挥营造大环境对地方发展的积极贡献。以科学发展观为指导，以制度建设为保障，以城市升级为目标，以产业升级为先导，以自主创新为核心的制度体系，是松山湖科技产业园可持续发展模式的突出特征[80]。

① 在地方政府层面，通过人大立法进行制度建设，于2005年通过了《东莞松山湖科技产业园区开发建设规定》[81]，明确园区的定位与产业发展方向，对园区实施环境影响评估制度，禁止污染环境、高耗地、高耗能、高耗水和劳动高度密集的企业或项目进入，进一步保

障了可持续发展理念在园区发展过程中的实践。

② 在规划层面，松山湖科技产业园在规划之初就以产城融合、发展科技新城为目标，规划成为东莞市主城区的重要组成部分，实现城市升级的目的。

③ 在产业发展方面，松山湖园区肩负着为东莞市经济社会双转型提供引擎的重任，重点发展高新技术、研发、教育等知识密集型产业，通过引进国内外行业龙头项目带动东莞产业升级转型。

④在自主创新方面，松山湖产业园已经在自主创新道路上迈出了坚实的步伐。松山湖管委会大力鼓励和引导园区科技企业开展自主创新，实施《松山湖科技发展专项资金管理暂行办法》[81]，积极扶持园区科技企业、科研机构开展科技创新。一大批科技企业和项目得到资助和奖励，园区内涌现了一大批自主创新能力强的企业。松山湖90%以上的大中型工业企业建立了研发机构，绝大多数拥有自有品牌和自主知识产权[82]。

（2）广州开发区国家生态工业示范园区

广州开发区成立于1984年，是首批国家级经济技术开发区之一。2002年，广州经济技术开发区、广州高新技术产业开发区、广州保税区、广州出口加工区实现合署办公，形成了全国国家级开发区独一无二的“四区合一”新型管理模式。四个区域各有侧重，又相辅相成，产业间相互关联，彼此融合。园区实行“政府主导、企业参与、全民响应”的园区共建模式，构建了“生态、环保、循环”的产业园区发展模式。

① 在践行可持续发展理念方面，广州开发区发挥政府的引导作用，推动源头减量与资源化，发展废物综合利用，构建绿色产业链条，建设了全国钢铁行业第一家废酸资源再生厂，探索出南方地区中水回用模式。

② 在绿色产业发展方面，广州开发区积极推动绿色产业发展。先后获评国家循环化改造示范试点园区、国家生态工业示范园区、国家绿色园区。整个开发区集中规划建设高水平研发机构和重点科技基础设施，促进“产学研”创新体系构建和绿色技术科技成果转化。同时，开发区鼓励企业开展绿色技术创新投入，全区建有绿色产业相关国家级研发机构7家、省级研发机构76家、市级94家研发机构，以企业为主体的研发投入超90%，企业创新成果丰硕[83]。

③ 在园区环境管理方面，园区内部打造了独具特色的“数字环保”环境管理信息系统，及衡量全区环境管理、环境规划、环境质量、污染控制和环境安全五大业务领域，实现整个园区全覆盖的环保在线监测与综合管理。

（3）深圳湾科技生态园

深圳湾科技生态园位于深圳高新区白石路与沙河西路交界处，建筑面积约188万平方米。深圳湾科技生态园是深圳市政府以打造高科技企业总部和研发基地、战略性新兴产业培育发展平台为目标的重点项目，于2011年正式开工，于2014年分区建成并逐步投入使用[84]。该项目规划了一流的发展环境，实现了办公、生活和环境生态的高度融合，打造成了一座以互联网、生物医药类、新能源等战略性新兴产业为主导，集合产业研发、办公、居住、商业、休闲等一体化的多功能综合产城新区，成为了深圳新时期标杆性的品质产业园。

深圳湾科技生态园以国企独立开发、市场化运营为特色，是一个全新的科技园区组织模式，打造了全新的科技园区开发运营模式——产业生态模式。通过构建产业创新生态体系及产业资源平台，使园区企业的发展得到最充分、最便利和最高效的资源支撑，形成了以产业资源高效配置为核心的园区发展模式[85]。

① 在生态方面，该园区致力于打造生态园区、绿色建筑，通过使

用园区系统、建筑本体、室内环境、建造运营四大绿色技术板块以及水资源利用、生态表皮、温湿控制、智能运营等十八大绿色技术系统全方位保障园区的低消耗、低排放、高性能和高舒适性。

② 在产业资源配置方面，深圳湾科技生态园将电子信息、人工智能、智能制造等重点行业的大中小企业及上下游环节进行合理布局，整合产业资源，强化协同协作。

③ 在提升片区区位价值方面，深圳湾科技生态园的建设非常注重保持周边社区的生态和谐，努力实现产业生态、经营生态和环境生态的深度融合。

深圳湾科技生态园区以高品质缔造了一个产业高端、功能完善、运营专业的现代化产业园区，尤其是在业态配比参考、功能布局理念、公共空间打造、景观生态营造等方面对高新产业园的转型升级有很好的借鉴作用和示范意义。

参考文献

[1] Peddle M T. Planned industrial and commercial developments in the United States: A review of the history, literature, and empirical evidence regarding industrial parks and research parks[J]. Economic Development Quarterly, 1993, 7(1): 107-124.

[2] 赵延东，张文霞. 集群还是堆积——对地方工业园区建设的反思[J]. 中国工业经济，2008(01):131-138.

[3] 王缉慈. 中国产业园区现象的观察与思考[J]. 规划师，2011，27(09):5-8.

[4] 周洪勤.黑龙江省产业园区发展研究[D].哈尔滨：哈尔滨商业大学,2013.

[5] 王璇,史同建.我国产业园区的类型、特点及管理模式分析[J].商界论坛,2012(18):177-178.

[6] 国家统计局.关于修订《三次产业划分规定（2012)》的通知（国统设管函〔2018〕74号）.2018.

[7] 杨贵臣,陈志明.浅析产业园运营商在产业创新生态系统中的作用[J].中国产经,2021(10):52-53.

[8] Porter M E.Clusters and the new economics of competition[M].Boston: Harvard Business Review, 1998.

[9] Marshall, A.Principles of Economics[M].London: Macmillan,1948.

[10] Weber, A.The theory of location of industries[M].Chicago: University of Chicago Press,1929.

[11] Perroux, F.Economic space: Theory and applications[J].Quarterly Journal of Economics, 1950,64：89-104.

[12] 贾盈盈.产业集群理论综述[J].合作经济与科技,2016(18):39-41.

[13] Porter, M.E.The Competitive Advantage of Nations[M].London: Macmillan, 1990.

[14] Krugman P.Increasing returns and economic geography[J].Journal of Political Economy, 1991,99(3):483-499.

[15] 王缉慈.创新的空间——企业集群与区域发展[M].北京：北京大学出版社，2001.

[16] 李君华，彭玉兰.产业集群的制度分析[J].中国软科学，2003(09):127-132.

[17] 张辉.产业集群竞争力的内在经济机理[J].中国软科学，2003(01):70-74.

[18] 赵骅，张伟杰.产业集群的发展因素分析[J].科技管理研究，2007(12):250-252.

[19] 李同升，韦亚权.工业生态学研究现状与展望[J].生态学报，2005(04):869-877.

[20] Ayres R U, Schmidt-Bleek F.Eco-restructuring: The transition to an ecologically sustainable economy[M]. Fontainebleau: INSEAD, 1995.

[21] Chertow M R.Industrial symbiosis: Literature and taxonomy[J].Annual Review of Energy and the Environment, 2000, 25(1): 313-337.

[22] Côté R P, Cohen-Rosenthal E.Designing eco-industrial parks: A synthesis of some experiences[J].Journal of Cleaner Production, 1998, 6(3-4): 181-188.

[23] Nemerow N L.Zero pollution for industry: Waste minimization through industrial complexes[M].New York: John Wiley & Sons, 1995.

[24] Ayres R U.Industrial metabolism[J].Technology and Environment, 1989, 1989: 23-49.

[25] Graedel T E, Allenby B R.产业生态学[M].2版.施涵译.北京：清华大学出版社，2003.

[26] Graedel T E.On the concept of industrial ecology[J]. Annual Review of Energy and the Environment, 1996,

21(1): 69-98.

[27] 邓南圣， 吴峰. 工业生态学:理论与应用[M]. 北京： 化学工业出版社， 2002.

[28] Malthus T R, Winch D, James P. An essay on the principle of population[M]. Cambridge: Cambridge University Press, 1992.

[29] Ricardo D. On the principles of political economy[M]. London: J. Murray, 1821.

[30] IUCN U. WWF World conservation strategy: Living resources for sustainable development[J]. International Union for Conservation of Nature and Natural Resources, Gland, 1980.

[31] D Hinrichsen. Report of the World Commission on Environment and Development: Our Common Future. 1987.

[32] 周永章，邓国军，王树功. 东莞松山湖科技产业园区可持续发展理念的实证分析——兼论珠江三角洲发展模式的突破以及松山湖可持续发展模式[J]. 中国人口·资源与环境，2004(05):105-109.

[33] 周永章. 经济与环境，冤家变亲家. 广州日报（理论版），2006-03-13.

[34] 杨国华. 可持续发展指标体系及广东可持续发展实验区建设研究[D]. 广州： 中山大学， 2006.

[35] 易成波，周波，丁海容，艾南山. 基于城园一体化的工业园区发展研究——以永川市工业园为例[J]. 地域研究与开发，2008(02):72-75, 89.

[36] 俞伟丽. "两化"互动下城市职能演变对产城空间关系的影响[D]. 成都： 西南交通大学，2013.

[37] 李文彬，陈浩. 产城融合内涵解析与规划建议[J]. 城市规划学

刊,2012(S1):99-103.

[38] Boulding K E.The economics of the coming spaceship earth[M].Baltimore: John Hopkins Press, 1966: 1-17.

[39] Pearce D W, Turner R K.Economics of natural resources and the environment[M].Johns Hopkins University Press, 1990.

[40] Ross S, Evans D.Use of life cycle assessment in environmental management[J].Environmental Management, 2002, 29(1): 132-142.

[41] Kondo Y, Hirai K, Kawamoto R, et al.A discussion on the resource circulation strategy of the refrigerator[J]. Resources, Conservation and Recycling, 2001, 33(3): 153-165.

[42] Kishino H, Hanyu K, Yamashita H, et al.Correspondence analysis of paper recycling society: consumers and paper makers in Japan[J].Resources, Conservation and Recycling, 1998, 23(4): 193-208.

[43] Schmidt W P.Strategies for environmentally sustainable products and services[J].Corporate Environmental Strategy, 2001, 8(2): 118-125.

[44] 段宁.清洁生产、生态工业和循环经济[J].环境科学研究,2001(06):1-4,8.

[45] 杨久俊,吴科如.材料工业在循环经济与可持续发展中的作用[J].建筑材料学报,2001(03):259-264.

[46] 耿勇,武春友.利用工业生态学理论运营和管理工业园区[J].中南工业大学学报(社会科学版),2000(01):12-15.

[47] 陈赛.循环经济及其法律调控模式[J].环境保护,2003(01):10-12.

[48] 吴季松.循环经济理念的最新规范与应用[J].环境经济,2005(08):13-

15,7.

[49] 解振华.关于循环经济理论与政策的几点思考[J].环境保护,2004(01):3-8.

[50] Felson M, Spaeth J L.Community structure and collaborative consumption: A routine activity approach[J].American Behavioral Scientist, 1978, 21(4): 614-624.

[51] Botsman R, Rogers R.Beyond zipcar: Collaborative consumption[J].Harvard Business Review, 2010, 88(10): 30.

[52] Stephany A.The business of sharing: Making it in the new sharing economy[M].Berlin: Springer, 2015.

[53] Belk R.You are what you can access: Sharing and collaborative consumption online[J].Journal of Business Research, 2014, 67(8): 1595-1600.

[54] Sundararajan A.The sharing economy: The end of employment and the rise of crowd-based capitalism[M]. Cambridge: MIT press, 2017.

[55] 余航,田林,蒋国银,等.共享经济:理论建构与研究进展[J].南开管理评论,2018,21(06):37-52.

[56] 张新红,高太山,于凤霞,等.认识分享经济:内涵特征、驱动力、影响力、认识误区与发展趋势[J].电子政务,2016(04):2-10.

[57] 陈健,龚晓莺.共享经济发展的困境与突破[J].江西社会科学,2017,37(03):47-54.

[58] 汤黎明,汤非平,贾建宇.我国共享经济的理论价值、实践意义与模式创新[J].宏观经济管理,2022(04):70-75.

[59] 向坤,杨庆育.共享制造的驱动要素、制约因素和推动策略研究

[J].宏观经济研究,2020(11):65-75.

[60] 戴克清,陈万明,蔡瑞林.服务型制造企业共享模式创新实现机理——基于服务主导逻辑的扎根分析[J].工业工程与管理,2019,24(03):124-129,138.

[61] 俞春阳.共享制造模式下的计划体系研究[D].杭州:浙江大学,2016.

[62] 王缉慈,朱凯.国外产业园区相关理论及其对中国的启示[J].国际城市规划,2018,33(02):1-7.

[63] 吴林海.世界科技工业园区发展历程、动因和发展规律的思考[J].高科技与产业化,1999(01):9-13.

[64] 钟坚.日本筑波科学城发展模式分析[J].经济前沿,2001(09):31-34.

[65] 秦文英.赫利奥特瓦特大学科学园(英国科学园简介之二)[J].国际科技交流,1986(08):4-5.

[66] 马兰,郭胜伟.英国硅沼——剑桥科技园的发展与启示[J].科技进步与对策,2004(04):46-48.

[67] 储长友.索菲亚·安蒂波利斯——科技园掠影[J].国际经济合作,1992(05):32.

[68] 刘红红,吴薇.国外现代科技园建设发展初探[J].武汉理工大学学报(社会科学版),2013,26(03):377-380.

[69] 吴林海.世界科技工业园区发展历程、动因和发展规律的思考[J].高科技与产业化,1999(01):9-13.

[70] 徐珺.国际科技园区发展历程、经验与新趋势[J].科学发展,2014(05):107-112.

[71] 李梓璇.产业园区发展模式研究[D].北京:北京交通大学,2019.

[72] 胡贝,李华金.国内外园区产业发展模式研究[J].广西财经学院

学报,2009,22(02):85-88.

[73] 中共中央国务院.粤港澳大湾区发展规划纲要[M].北京：人民出版社，2019.

[74] 广东省人民政府新闻办公室.广东举行“双区”建设成效新闻发布会，2022.4.

[75] 粤港澳大湾区发展研究智库.《2019粤港澳大湾区经济发展蓝皮书》[M].2019.

[76] 才国伟,陈小伟.粤港澳大湾区产业合作与地区发展[J].工信财经科技,2021(05):17-24.

[77] 中共中央国务院.粤港澳大湾区发展规划纲要[M].北京：人民出版社，2019.

[78] 张羽.粤港澳大湾区产业协同发展研究[D].大连：大连海事大学,2020.

[79] 邓国军,王树功,周永章.科技产业园区可持续发展的实践及模式探讨——以广东东莞松山湖科技产业园区为例[J].人文地理,2008,23(06):78-83.

[80] 东莞市人大.东莞松山湖科技产业园区开发建设规定.2005.3.

[81] 东莞松山湖高新技术产业开发区管理委员会.《松山湖科技发展专项资金管理暂行办法》修订出台.2010.5.

[82] 东莞松山湖高新技术产业开发区管理委员会.《坚持自主创新，松山湖企业发展添动力》.2011.8.

[83] 广州市黄埔区发展和改革局,广州开发区发展和改革局.广州开发区连续四年荣获“国家级经开区绿色发展最佳实践园区”称号.2020.12.

[84] 深圳市商务局.深圳湾科技生态园.2016.11.

[85] 邱文.以产业生态模式助推深圳科技园区的高质量发展[J].特区实践与理论，2021(03):59-66

2.

环保共性产业园的研究评述

- 环保共性产业园的起源：共性工厂
- 环保共性产业园的理论基础
- 环保共性产业园的精神实质
- 环保共性产业园的基本内涵
- 环保共性产业园的优势分析
- 环保共性产业园的发展前瞻

2.1 环保共性产业园的起源：共性工厂

（1）共性工厂诞生的背景

改革开放以来，珠江三角洲地区城市化建设和产业的迅速发展形成了举世瞩目的“珠三角模式”，成为我国极具发展活力的重要经济区之一。但同时，一些严重制约珠江三角洲地区产业绿色可持续发展的问题也逐渐显露。例如，传统产业工厂冗余严重造成的生产效率低下、生产要素成本提升制约地区产业转型升级、环境恶化严重难以支撑粗放式发展。除此之外，一些传统行业由于门槛较低，导致行业内大部分企业规模较小，普遍存在“散、乱、污、违”问题，导致环保监管难度很大，企业违法偷排、污染扰民的现象频发。同时，行业内部同质化竞争激烈，低价内耗，导致整体竞争力不强，阻碍区域产业和经济的发展。

想要解决这些问题，必须从源头上改变思路，做好顶层设计与规划，拒绝低效益、高污染的粗放式发展，转向高社会效益、高环境效益、高经济效益的可持续发展模式。

共性工厂作为一种新的生产运营模式，正是在这种背景下诞生为区域工业改革、产业转型升级以及污染整治提供了新的解决思路。

（2）共性工厂的概念与功能

中山市是广东省最早提出“共性工厂”理念的城市。中山市对共性工厂的探索与实践始于对“小、散、乱、污”企业的整治，在环保实践中得到启发并逐步完善。

共性工厂可以定义为可向某个产业领域提供共享产污工段和环境污染治理设施配套服务的独立法人实体工厂。共性工厂通过将同一产业或同一地区企业生产加工或设计等的某个或某几个特定产污环节聚集于同一专业化工厂，实现集中生产、集中设计、集中治污。与传统工业、制造业生产加工工厂不同，共性工厂的概念在本质上体现了集中治污理念，同时具备了共享经济的部分特征，在环境效益、经济效益、社会效益三个维度上实现三方共进，高质量发展。

共性工厂的功能主要体现在：通过将产污工序集中，共性工厂在降低污染排放的同时提升了空间利用效率和环境管理水平；同时，共性工厂内部采用智能化、柔性化的生产、加工、制造技术，实现对产业的技术升级改造，形成高效、集约的新型生产运营模式。

除了提升环境效益和环保管理水平方面的功能以外，共性工厂还可帮助中小企业减少生产、环保设备以及配套设施方面的重复投入。以喷涂行业为例，该行业的中小企业普遍存在工序环节多、设备需求多、购入资金大、环保设施配套不足的问题，在影响企业正常发展的同时还对周边环境造成破坏。共性工厂生产模式的引入，可以将分散于各类喷涂企业（如家具厂）的喷漆工序聚集到共性工厂内，利用专业化技术对产污环节实现集中生产、集中管理和集中治污，喷漆废气通过集中治理设施处理达标后排放，大幅提升企业的生产效率并降低人力成本，极大减轻企业负担。

共性工厂还具备要素资源整合功能。通过对中小企业的生产流程进行整合，实现集中供能，提高能源利用效率。同时，引入智能化、高效化的节能环保设备，通过产污工序外包方式将高耗能高污染的生产环节从中小企业中剥离出来，实现集中治污和节能减排。

（3）共性工厂的发展状况

自2016年共性工厂理念提出以来，共性工厂的建设实践正在如火如荼地推进。2017年，中山市出台《中山市固定源挥发性有机物综合整治行动计划（2017—2020）》，将推进共性工厂建设作为中山市挥发性有机物污染防治的重要举措，成为解决涂装行业环境污染问题的一大突破点。2017年年底，中山市大涌镇瑞信达家具厂通过环保竣工验收并正式投产，成为广东省首个家具集中式喷漆共性工厂，也是广东省内首个挥发性有机物废气集中处理共性工厂。该共性工厂最多可同时为20家家具生产企业提供服务，喷漆尾气处理装置总风量达24万立方米/小时[1]。

在实践案例的示范和推广作用影响下，共性工厂的建设逐渐在中山市多个产业园内展开，成为兼顾产业发展与环保监管的有效手段。至2018年，中山市已建成投产共性工厂5家，大涌镇规划建设10个共性工厂项目，为中小企业提供服务。与此同时，广东省内其他城市也纷纷响应，因地制宜地开展共性工厂建设实践：佛山市从围绕挥发性有机物重点排放企业的“点”的综合整治，拓展到主排放行业的“面”的整体防治，重点推广低挥发性原辅材料替代和共性工程（集中喷涂中心）建设，先后建成家具制造业共享涂装中心、汽修行业集中喷涂中心等；深圳市建设了汽车喷涂共享车间，东莞市建成和规划建设多个公共涂装中心，为中小企业提供公共喷涂服务，降低治理成本，提高治理效率[2]。

2.2 环保共性产业园的理论基础

产业、产业园区内部企业以及园区本身的发展与经济密不可分，但想要获得可持续的发展就要充分平衡环境保护与经济发展之间的矛盾。国内外诸多学者的相关研究积累了丰富的理论基础和模型框架，环保共性产业园是杜敏等在相关理论启发的基础上，充分汲取关于产业园区集群化、生态化、无废化、低碳化、循环化等可持续发展的逻辑，形成了以园区污染集中治理、共享经济等为核心思想的产业园发展新模式、新路径。

“环保共性产业园”旨在打造具有大湾区中山市特色的产业园区的发展模式。它是中山市结合实际发展现状与困境进行的实践探索，是在“共性工厂”基础上创新性提出来的，其融入了如下理论基础。

（1）产业集群理论

产业集群理论的核心是将相似或相关联企业在空间范围内形成规模聚集，通过集群效应增强企业间的合作与对外竞争力，并通过共享基础设施、集体购买资源等方式降低集群内部企业运营成本，形成区域竞争优势，最终达到促进整个区域产业高速发展的目的。

环保共性产业园结合产业集群理论集群发展的思维，对具备相似产污工序的涉污企业进行集聚，以集中污染治理与监管、集约高效生产运维为主要目的，同时发挥集群效应的优势，减少企业在环境、资源、成本等方面的负担，助力中小微企业与区域产业绿色健康发展。

（2）共享经济理论

共享经济理论本质上是研究如何通过共享各种形式的资源（包括技术、空间、时间等）来达到获取收益的同时提高资源的公用化程度和使用效率的目的。

环保共性产业园将共享经济的核心理念融入到自身体系，从园区环保角度切入，通过共享园区污染治理设施的方式实现污染的集中治理和集中监管，减少企业对环保治理设施的重复投入，提高企业的生产效率和资源利用率。此外，在环保共性产业园的共享体系中，园区内部不仅可以共享污染治理设施，还可通过园区共建平台等方式，增强企业间的信息传递、技术交流与合作，不同企业间可共享技术、人力、信息以及空间资源，减少设备和人员的闲置，同时为企业高效化运营管理和技术创新提供活力源泉。

（3）工业生态学

工业生态学理论研究起源于如何平衡和缓解产业系统对生态系统胁迫的思考，并逐渐衍化为研究工业或产业与自然生态系统之间相互作用、相互关系的学科。工业生态学理论的研究范畴广、学科领域跨度大，其为衡量产业系统本身的生态化重组和演进提供分析方法与科学依据。

工业生态学是环保共性产业园理论体系的基础与导向，在实际建设过程中，环保共性产业园根据工业生态学的基本理论与原则，从园区内部物质、能量、技术、信息高效集成等多个角度分析，综合确定园区的功能分区布局以及生态约束指标体系的构建，确保园区实现绿色转型升级同时促进资源、环境、经济三者协调发展。

（4）可持续发展理论

可持续发展是指既满足当代人的需要，又不对后代人满足其需要的能力构成危害的发展，以公平性、持续性、共同性为三大基本原则。

在环保共性产业园理论体系构建过程中，将可持续发展理念作为其指导思想和发展方向。在实践过程中，环保共性产业园的规划、建设及未来发展充分用“满足需要”“资源有限”“环境有价”和“未来更好”四个维度进行导向性的科学评价[3-5]，以达到环境与经济的“双赢”。

（5）循环经济理论

循环经济理论的核心是提高资源的可持续利用效率，其特征表现为资源消耗的减量化、再利用和资源再生化。

在环保共性产业园理论体系中，循环经济的理念和发展模式是重要补充。由于环保共性产业园涉及的产业类别囊括三大产业，这就为不同产业园区之间形成资源跨产业循环利用以及资源再生提供基础。不同产业的环保共性产业园根据循环经济理念形成循环共生网络关系，打破传统产业园区“资源-产品-废弃物”的单向物质流动模式，形成“资源-产品-再生资源”的循环物质流动模式，助力园区企业实现资源循环化、生产高效化、经济最大化、环境友好化发展。

2.3 环保共性产业园的精神实质

环保共性产业园的出发点是基于中山市产业发展与环境治理实践，其核心是解决环境与经济发展的关系问题。如何实现产业发展的同时保障生态环境质量是环保共性产业园迫切需要思考的关键。

从精神实质层面，环保共性产业园是绿色发展理念和生态文明思想的有效实践，立足点是人与自然和谐共生[6,7]。它直面传统工业文明带来的严峻挑战，旨在转变工业文明下人与自然之间的尖锐矛盾。它关注如何从人类中心主义的藩篱中走出，实现人与自然关系的和谐。过去，受机械发展观的影响，往往认为鱼和熊掌不可兼得，要发展就不能保护，要保护就不能发展，在二元对立中冲撞和碰壁。环保共性产业园认为发展和保护不是对立的关系，而是相互依存的关系，因此，特别需要充分理解自然价值和自然资本，兼顾黏合经济发展和环境保护。

生态伦理是环保共性产业园建设的价值指南，要求当地社会发展的经济系统尊重它所依赖的自然生态系统的动态规律与阈限，要求重新建立人与自然之间的新型“耦合”关系。

环保共性产业园开拓了绿色发展理念的多学科交叉研究案例。通过绿色发展理念在中山市的窗口实践分析，展示作为我国改革开放的先行地区和全国发展的缩影。在绿色发展道路上，中山市坚韧不拔地不断探索，在转变经济发展模式、破解经济发展与环境保护矛盾方面取得了积极成效。但对比国际标杆，中山市仍然有许多路要走，未来应该提出更高、更远的发展目标，勇立潮头，争立绿色发展、可持续发展的国际标杆，更加重视解决人与自然和谐共生问题，建设成真正的宜居宜业宜游的优质生活城市。这是环保共性产业园对中山市发展的期许。

从实践层面看，环保共性产业园是一场低效工业园区升级改造与绿色环保理念相结合的全新实践，是产业未来发展规划和环保管理理念的一次大升级。环保共性产业园模式的实践应用将为区域土地集约利用、产业融合升级、协同减污降碳发挥更大作用。

2.4　环保共性产业园的基本内涵

2.4.1　环保共性产业园的定义和功能布局

环保共性产业园的理念，脱胎于中山市“共性工厂”实践，是一种新型产业园生产运营管理模式，是对珠江三角洲地区传统产业园发展模式的一种创新与突破。

环保共性产业园通过将同一产业或同一地区企业生产加工或设计等的某个或某几个特定产污环节聚集，或提供集中式环境污染治理设施配套服务，实现集中生产、集中设计、集中治污、集中供热等，同时配套产业链上下游企业，形成产业聚集发展的产业生态圈，最终实现产城融合。环保共性产业园是为产业链上下游提供共享产污工序与环境污染治理设施配套服务，且在功能布局上有明显分区的产业园区。

环保共性产业园的空间布局包括核心区、缓冲区、拓展区和辐射区。各个分区在空间分布与功能上协调有序，共同维护园区的高效、绿色、高质量运转。

（1）核心区

核心区聚焦于园区企业生产过程中污染较重的产污环节，由单个或多个共性工厂组成。围绕集中治污的核心理念，它对具备条件的集中污染较重的工序实施设施和工艺共享，对主要污染物实施集中收集、统一处理。核心区本质上是为本地产业提供配套服务，目的是集中解决产业园环保问题，达到拓展区企业进驻时“环保无忧，拎包入驻”的成效，是整个环保共性产业园的环保核心竞争力和环保名片，不以产值税收为主要目的。核心区规模大小立足于服务本地产业（拓展区、辐射区）的现状与未来发展，既不能过大也不能过小，而应该在相适的基础上保持一定的发展弹性，确保“大马拉大车，中马拉中车，小马拉小车”。同时，针对不同规模企业的技术需求，在核心区内实施差异化运营管理。对于生产技术水平要求较高的大型企业，可在核心区内采用场地租赁等形式，满足其大制造模式下的专业化生产。对于中型企业和小微企业，可采用设备租赁或代加工等形式，满足其产品生产制造的需求。

（2）缓冲区

缓冲区的设置起到了隔离带的作用。通过道路、绿化带、水体等将污染集中治理的核心区与周围环境分隔，减少对外围环境敏感点的影响，助力园区产城融合发展路径的实现。

（3）拓展区

拓展区通过设置高端生产区、综合办公区并搭建相关研发机构、高校人才站的产学研平台，吸引更多优质企业入驻园区，助力园区打造一流的营商环境和产业生态。

（4）辐射区

辐射区主要针对本地企业的发展提供配套服务。通过辐射影响产业链上下游企业在园区外围分布发展，与环保共性产业园产业链融合共生，形成高端产业生态圈。

2.4.2 环保共性产业园的内涵与外延

2.4.2.1 环保共性产业园的内涵

（1）三个层面

环保共性产业园主要围绕社会、经济、环境和资源四大系统，为区域产业经济发展与环境保护之间的良性循环提供桥梁作用，具体包含3个层面的内容。

1）发展理念

环保共性产业园的规划建设秉承“集中治污”的核心理念，恪守“规划先行、严格准入、集中治污、智慧管理”原则，以有效破解产业发展过程中存在的源头规划失序、过程监管失控以及末端治理失效三大环保困局，同时融入“绿色、低碳、生态、无废”理念，助力地区企业绿色高质量发展。环保共性产业园通过对污染较重行业实施规范化准入与排放，达到统一监管和治理目的，推动可持续循环经济的发展。

2）园区形态

由于不同园区发展需求以及园区内部产业类别的不同，环保共性产业园的形态也存在差异。具体而言，主要包括“一园一核”“一园多核”“多园一核”以及“多园多核”四种形态，不同形态间的主要区别在于设置的核心区数量以及核心区服务覆盖的园区数量。

3）治理方式

根据园区内部企业生产工艺流程的实际情况，原则上对污染较重的产污工序在核心区内进行集中，实现集中生产、集中处理。对某些拥有特殊工艺流程较难实现产污工序集中的产业（如化工、医药产业等），采用主要污染物集中的方式，实施集中治污。

（2）九大原则

环保共性产业园的规划建设还包含共通性、集中性、约束性、共享性、全局性、协同性、规范性、灵活性以及可复制性9大原则。

1）共通性

进驻环保共性产业园的企业具有产污工序、污染性质相近或相同的特征。

2）集中性

环保共性产业园致力于将本地区内产污工序或污染物类型相似的企业集中，形成产业集群，以推动区域内资源集聚、集中监管、集中治污，同时节省用地指标，提升空间资源配置利用效率，破解土地瓶颈问题。

3）约束性

在环保共性产业园实际运维过程中严格执行安全生产要求以及环保准入要求。环保准入方面设立符合要求的准入门槛，核心区以生态环保指标和先进的工艺装备智能化水平指标为主，拓展区以经济指标为主。

4）共享性

环保共性产业园致力于通过园区内部生产设备共享、人力资源共享、环保设施共享、技术资源共享等方式实现共享制造，提升资源利用效率与企业营收。

5）全局性

环保共性产业园规划建设应结合区域整体产业规划与布局，将镇街规划和地市规划有序结合，从全局角度考虑园区的建设选址以及和周围区域的协同。

6）协同性

包含两个方面的协同，即生态协同和产业协同。

① 生态协同主要体现在集中治污、减少环境污染和节能降碳三个方面，提高资源利用率与环境质量。

② 产业协同体现在整合产业集群资源方面，通过建立统一的平台网络，降低原材料购买等生产和运营成本，同时避免因同质化竞争、低价内耗等造成产业整体竞争力下降从而引发不良的营商环境等问题。

7）规范性

包含知识产权保护、技术规范以及监管规范等方面的内容。保障企业自身合法权益和产品质量不受影响，同时规范企业监管标准，合理引导企业按照环保共性产业园的发展理念健康运行。

8）灵活性

即规划建设富有弹性，预留调整的空间，以应对新形势的发展变化，避免因建设类型单一等原因而导致不能充分发挥应有功能的现象发生。

9）可复制性

可通过制定各个行业环保共性产业园的建设标准，将其建设模式进行复制与借鉴。

2.4.2.2 环保共性产业园的外延

环保共性产业园的外延包含以下3个方面。

① 环保共性产业园规划建设的适用范围不只局限于工业，还可延伸至第一产业、第三产业；第一产业可规划建设如水产养殖尾水处理等形式的环保共性产业园；第三产业可规划建设如汽车维修、餐饮等行业的环保共性产业园。

② 打造环保共性产业园集群网络与共建平台。通过地区整体产业规划与布局合理建设不同产业类型的环保共性产业园，在整个地市范围形成环保共性产业园集群和共建平台。根据工业生态学理论，把产业链的前后端融合，环保共性产业园集群彼此形成紧密的网络关系优势互补，推动整个地市的产业进步与经济发展；同时，通过共享平台的建设，打通环保共性产业集群的联系，进一步提升整体竞争力。

③ 真正实现区域产城融合发展。产业是城市发展的基石，城市是产业发展的载体，实现产业和城市的融合是两者共同的内在发展需求。环保共性产业园通过推动城市产业绿色升级转型，形成产业绿色可持续发展与城市功能优化的协同、互促机制。环保共性产业园规划建设通过集约发展、统一监管、集中治污等措施，在提升企业生产效率与经济效益的同时，保障了城市的生态价值，为城市居民创造安全、舒适、优美的生活环境，从而吸引更多的优质企业和人才聚集，实现“寓产于城、以城促产”的融合发展模式，形成具有丰富内涵和多元价值并可创造更大生产力、不断激发经济活力的产城融合体。

2.4.3 环保共性产业园的发展模式与创新路径

环保共性产业园作为绿色发展理念创新探索的产物，作为生态文明思想的落地实践，其规划建设兼顾了产业发展、经济效益和生态环保三方面的需求，通过“政府主导、企业投资、社会参与”的开发模式，致力于打造“共性、共享、共生、共赢”的产业园发展模式。

① 在产业发展方面，直击行业痛点，让企业共享园区高标准的环保设施，解决企业环保准入难的困境。利用产业集群优势，在原材料购买、物流配送以及软、硬件配套等方面实施集约化运维，为中小企业提供生产制造各个环节的服务，降低企业成本，提高效率，实现共性共享的轻资产操作模式。

② 在园区管理方面，环保共性产业园可以避免园区内部出现产业非主题化（来者不拒）、结构模糊化（摊大饼式发展）、企业散乱污化（新瓶装旧酒）以及治污非集中化（村村点火、户户冒烟）问题。

③ 在产业共生方面，由于环保共性产业园内部企业多为同类企业，可通过园区共建产业平台等方式进行资源整合，推动企业间在生产、技术、管理等方面进行良性互动、资源互换、融合创新与协

调发展。例如，在相似的业务板块间形成技术合作或战略联盟，避免同质化竞争造成低价内耗、以次充好等不良后果，阻碍整个行业的进步与发展。

④ 在合作共赢方面，随着市场竞争的加剧，企业之间的合作互助成为企业生存发展、提高竞争力的战略举措。环保共性产业园的内部企业通过技术交流、资源共享、共同开拓市场等方式相互协作，以经济效益为纽带、发挥各自的比较优势，优势互补，形成共同的市场竞争力，加强对整个生态产业链横向与纵向的扩展，实现互利共赢，共同推动区域经济与产业的进步与发展。

环保共性产业园的创新路径主要体现在以下3个方面。

（1）理念升级

集中治污理念要求对污染物进行集中收集、集中处理，但对于数量庞大的中小企业来说，面对越来越严格的环保准入门槛和污染物处理要求，大部分企业没有实力自建和运维完善的污染治理设施。而通过企业自身管网建设统一对污染物进行收集处理的投入成本过高，同时过程监管中存在偷排、漏排的隐患。环保共性产业园在集中治污理念的基础上进一步升级，通过环保治理设施共享来减少企业在生产环节以及配套设施方面的重复投入，既实现了污染减排，也令企业更专注于生产经营，同时减轻了政府在环境监管方面的压力，为具备产污工序行业的绿色发展带来一条新的出路。

（2）科学规划

环保共性产业园实践中突出了规划先行、土地集约、产业升级、集中治污的思想，以科学的发展理念对区域产业发展与布局进行合理规划，以环保共性产业园规划建设推动区域产业绿色升级转型，达到兼顾环境、经济、发展三方面的需求，营造出“共建、共治、共享”的社会治理格局，最终实现产城融合的目标。

（3）三方共赢

以环保角度切入产业规划，充分考虑政府、企业、公众三方的利益。根据产业间高度共性的特点来整合关联产业资源，充分发挥环保共性产业园集中共享的作用，增强企业成本优势，提高土地利用集约化程度。通过污染集中治理减轻政府监管压力，同时提升区位及周边环境质量，达到政府、企业和公众三方互惠共赢的局面。

2.5 环保共性产业园的优势分析

2.5.1 对企业发展

对于企业发展而言，成本问题是制约企业发展壮大的重要因素。面对日趋严格的环保指标和准入要求，多数中小微企业难以完全按照环保相关规范进行生产和治理，给企业的生产、运营和发展带来不利影响。通过对企业调研，以往分散型的工厂模式，企业单独建设经营一般需配置几十万元到数百万元的治污设备，每年还需承担十多万元的设备维护费用。而环保共性产业园建成集中治污设备，入驻企业治污设备和运维零投入。此外，入驻企业可简化环境影响评价手续，评价费用可降低50%或以上。

以家具喷涂行业为例，通过对中山市家具环保共性产业园实际案例分析（表2-1），与分散型工厂相比，以环保共性产业园模式运行的集中式园区在产值和产能方面均有提升，增幅在25%左右；在成本方面，集中式园区更具优势，通过集中采购扩大体量，降低原材料的购买成本，经测算可降幅约为16.7%，成本优势显著；在设备投入方面，集中式园区的生产设备投入和环保设备投入均大幅低于分散型工厂，并且通过设备共享等方式，可显著降低重复投入成本。总体而言，集中式的环保共性产业园具备轻资产的优势，企业可实现“环保无忧，拎包入住”的即入式生产模式，缩短投资投产时间，降低大量投资成本。此外，通过园区内部的集中共享机制，可减少人力资源和技术开发成本，同时提升设备的利用率和生产效率，避免重复投入和资源闲置问题。

表2-1 中山市家具环保共性产业园实际案例对比分析

项目	分散型工厂	进入环保共性产业园	备注
生产产值	40 万元 / 月	50 万元 / 月	企业测算
税收	8.533 万元 / 亩	85.7 万元 / 亩	按照增值部分制造业企业税率不低于 4% 计算
建设用地面积	2.25 亩	0.28 亩	分散型工厂大多厂房是单层建筑，集中喷涂工厂多数是 8 层建筑
废气排放量	11.76t	1.68t	企业测算
采购投入	12 万元 / 月	10 万元 / 月	企业测算
生产设备投入	80 万元	60 万元	企业测算
环保设备投入	60 万元	40 万元	企业测算
排污费用投入	15 万元 / 年	10 万元 / 年	企业测算
人力资源投入	9 万元 / 月	7.2 万元 / 月	企业测算

注：1. 数据来源于企业调研。

2. 1 亩 =666.67m^2，下同。

2.5.2 对政府监管

中山市企业普遍存在规模小、分布散、治理乱等问题，一直是生态环境治理难啃的“硬骨头”。据统计，中山市工业源达5.3万多家，但环境执法人员仅140名，“污染防不胜防、监管疲于奔命”现象异常突出。

环保共性产业园通过“1个集中治污设施+N个产污企业”的运营

模式，避免了之前“小、散、乱、污，遍地开花”的发展乱局，中小微企业的入园入区既满足了企业自身的生产和污染治理需求，也方便政府对企业污染防治进行监管。通过集中污染企业和污染工序，将园区内数百家涉污企业几百个排污口集中为一个或多个，可有效缓解政府的监管压力。

在园区环保治理的过程监管方面，环保共性产业园模式，能推动相同性质的生产企业入驻同一工业园集聚生产，生态环境部门和园区管理方可通过严控原辅材料使用、提高生产设备与技术水平等方式，实现环境治理工作从“末端”走向“源头”，一举破解环境治理监管难的问题。

中山市环保共性产业园建成后，预计可推动80%特色产业中具有共性污染工序的企业入驻，监管对象数量明显减少，监管效能切实提升。同时，集中治污设施排污口实现实时监测及数据传输，发现偷排、乱排、超标排放等现象，执法人员可快速到达现场调查处置，有效打击违法排污行为，减少环境影响。

2.5.3 对生态环境

环保共性产业园通过集中治污和绿色低碳园区建设的方式实现减污降碳协同落地。经相关机构测算，中山市第一批“环保共性产业园”投运后，可较大幅度降低VOCs排放量、碳排放量和废水排放量。协同推进生态环境质量根本好转和“碳达峰”“碳中和”的战略任务，实现环境效益与气候效益“双赢”。

在公众影响方面：据统计，2021年涉及废气、废水、噪声扰民的投诉案件数量占中山市环保信访案件总数的95.98%。通过建设环保共性产业园，有力解决以往“先污染后治理”“边污染边治理”的问题，提升园区内部和周边区域的环境质量，构建全新的园区形象。同时，由于环保共性产业园在规划建设过程中避开了周围的民居、学校等环境敏感点，可有效避免出现“楼企相邻”“社企相邻”引起的居民投诉问题。

经管理部门测算，随着中山全市环保共性产业园的投运，可实现大量小散乱污企业集聚发展、高效治污，预计减少废气排气筒约2000个、废水排污口约1000个，过往多点分散排污、环境脏乱差的情况将慢慢消失，取而代之的是去工业化的多层现代化厂房以及规范化排污，“楼企相邻”“社企相邻”问题得到根源性解决，人民群众幸福感、获得感、安全感大大提升。

2.5.4 对城市发展

以往的分散式工厂大多为单层建筑，土地集约化程度低，造成土地资源的浪费。环保共性产业园的建筑主体大部分是高层建筑，通过“工业上楼”的方式大幅提升了工业用地的利用率。同时，土地资源的高效利用，减少了土地指标对地方产业发展的约束，腾挪出来的土地资源可用于地方政府引进发展高新技术产业和生态友好型企业。

环保共性产业园可以助力本地企业发展壮大。环保共性产业园的核心目的是为本地产业提供配套服务，促进本地企业绿色转型，打造符合企业生产壮大、产业转型升级需要的生产圈、生活圈乃至生态圈。同时，发挥产业园区的集聚效应，为营造一流的营商环境打下基础。

环保共性产业园还可以提升企业经济效益和产值税收。城市的发展离不开政府的财政支出，以往的分散式工厂由于生产效率低下，导致产生不了太多的产值税收，对增加地方政府财政所起的帮助微乎其微。环保共性产业园通过集中共享的生产方式，降低企业的投入成本，提升企业的生产效率，增加企业收益。同时，通过技术帮扶和政策帮扶，帮助园区内的中小微企业向大中型企业发展壮大，实现企业发展与地方财政收入增加的良性互补，最终达到促进城市绿色高质量发展和产城融合的目的。

2.6 环保共性产业园的发展前瞻

2.6.1 对珠江三角洲地区产业园传统发展模式的突破

改革开放以来，珠江三角洲地区产业园的迅速发展形成了以中小微企业密集为特征的专业镇经济。其中大部分的产业园属于企业自发集聚并发展形成，园区内的产业多为劳动密集型、停留在生产加工阶段的传统产业。由于缺乏明确的产业规划与发展布局，这种粗放式的产业园发展模式导致企业环保意识及保障能力差、产业配套不完善、土地利用集约化程度低、产城融合度不高等一系列问题。

与传统发展模式不同，环保共性产业园具有清晰明确的规划方向，以产业升级、土地集约、集中治污为规划核心，结合区域整体产业发展规划进行科学选址与布局，提高土地利用集约化程度。同时，立足于为本地企业提供完善的配套服务，为地区产业升级与绿色发展提供保障。

环保共性产业园通过高标准设计、高质量建设、高水平运维环保配套设施，实现集约化生产、集中化治污。此外，环保共性产业园的功能分区科学合理，利用空间布局将高污染的生产环节与企业经营环节隔开，让企业更专注于市场经营，从源头上破解传统产业园“生产低效率、成本高支出、环境高污染”的困局，助力产业实现聚集式绿色发展。

在产业发展方面，环保共性产业园提出“共性、共享、共生、共赢”的发展模式。在园区内部，通过加强企业间的共生与合作，提升园区整体在生产成本、区域营销、市场竞争、产业组织等方面的优势，助力园区企业技术升级，由劳动密集型生产转换为高效率智能制造，为企业发展注入活力；在园区外部，充分考虑产业园区与外部空间（自然空间和城市空间）的协同发展，通过核心区将高污染环节集中，同时利用缓冲区将污染区（核心区）与非污染区（拓展区、辐射区）分隔，在园区内实现生活居住、娱乐休闲、商务服务以及公园绿地等空间的有机融合，形成“宜居”又“宜业”的产城融合式协调发展。

环保共性产业园的核心价值在于它突破了珠江三角洲地区产业园传统发展模式的局限[8]，正在走一条兼顾环境效益、经济效益与社会效益的绿色高质量发展之路，对珠江三角洲地区的产业升级转型具有重要的借鉴意义。

2.6.2 推动减污降碳协同增效

随着我国对国际社会承诺提出“碳达峰、碳中和”的目标后，各行各业都在积极探索碳达峰、碳中和途径。中山市亦在广东省全省率先开展了应对气候变化专项规划[9]。

作为推动区域经济发展的重要载体和“碳排放大户”，产业园区的绿色低碳建设与发展对实现整体“双碳”目标起到关键性作用。环保共性产业园的规划建设对园区整体碳排放具有显著的协同性，可有效发挥节能减碳、资源综合高效利用的功能。

① 在规划建设方面，环保共性产业园在规划阶段已预留分布式光伏系统的载荷能力和电网结构；在建设阶段推广绿色建筑、装配式建筑的使用，提升建筑节能水平；在实施阶段推进分布式光伏系统建设，构建绿色低碳的能源供给体系[10]。

② 在生产技术方面，环保共性产业园通过对中小微企业的生产流程进行共性提取，将高污染高碳排的工序集中，引入节能高效环保设

备，实现集中式减污降碳。同时在园区内部积极推广清洁生产和低碳新技术、新工艺、新装备应用，助力园区加快技术升级与改造。

③ 在能源利用方面，环保共性产业园淘汰高污染高能耗的燃料锅炉和小容量机组，为企业提供集中供能，并通过提供能源综合管理服务，在满足企业热、电、冷、气方面需求的同时，科学分配不同企业的用能结构、提高清洁能源的使用占比，优化能源消费结构并提升能源利用效率。

环保共性产业园是从环保角度破局，推动低效园区改造与产业升级，助力工改工过程中地区产业实现绿色高质量发展，其发展建设模式可复制并推广到其他地区及产业，助力碳达峰目标与碳中和愿景实现。

2.6.3 助力生态产品价值实现

十八大以来，党中央就生态产品价值实现做出系列部署，选择部分区域开展试点探索[11, 12]。2021年，中共中央办公厅、国务院办公厅印发的《关于建立健全生态产品价值实现机制的意见》，提出“深入开展生态产品价值实现机制试点，重点在生态产品价值核算、供需精准对接、可持续经营开发、保护补偿、评估考核等方面开展实践探索”。生态产品价值实现已经由地方试点、流域区域探索上升为国家层面的重要任务。2021年10月，广东省人民政府印发《广东省生态文明建设“十四五”规划》中提出“健全生态文明制度体系是六大主要任务之一”，其中，“探索生态产品价值实现机制”首次在五年规划中被明确提出。广东省将积极推进试点示范，开展生态产品价值实现机制试点和政策创新试验，推动形成一批特色鲜明、各具亮点的生态产品价值实现路径模式和可复制可推广的经验。

长期以来，环保被认为是投入大、投资周期长、收益低的“公益”项目，生态环境保护与治理是“成本中心”。而环保共性产业园通过将分散的污染集中处置，实现环境高效治理的同时提升了区域的生态价值，确保优质的生态产品供给。

未来，环保共性产业园可在EOD模式基础上延伸，结合关联产业进行探索，如通过水域生态治理提升养殖业、农产品质量，同时结合旅游、文创等产业链开发生态旅游、工业旅游、生态农业等项目，反哺生态环境治理，实现经济发展与生态保护的良性循环。

环保共性产业园可通过淘汰低效冗余的厂房、园区，丰富用地供给，引入高端环保产业服务于生态产品可持续经营开发，破解生态产品价值实现机制的重难点问题，形成具有特色鲜明的生态产品价值实现路径模式和可复制可推广的经验，协同推进生态环境高水平保护和经济高质量发展。

参考文献

[1] 中山市生态环境局. 从“工厂”到“园区”，中山“共性”实践开出新路子. 2021. 12.

[2] 广东省生态环境厅. 关于广东省十三届人大四次会议第1246号代表建议答复的函. 2021. 06.

[3] 周永章， 杨国华， 张林英，等. 生态文明与人类社会健康发展研究. 广东科技，2008(1):93-101.

[4] 周永章. 经济与环境，冤家变亲家. 广州日报（理论版），2006-03-13.

[5] 杨国华. 可持续发展指标体系及广东可持续发展实验区建设研究. 中山： 中山大学，2006.

[6] 周永章， 等. 绿色发展理念研究：重回人与自然和谐. 北京：中国社科文献出版社，2020.

[7] 卢瑞华，等. 中国生态哲学. 北京：中央党校出版社，2019：209-265.

[8] 周永章，等. 绿色发展理念研究：重回人与自然和谐. 北京：中国社科文献出版社，2020.

[9] 中山大学，中山市环境保护科学研究院有限公司，广州碳中和科学研究院. 中山市应对气候变化工作项目研究报告.

[10] 中山大学，中山市环境保护科学研究院有限公司. 中山市应对气候变化工作项目研究报告.

[11] 周永章，林星雨. 广东省生态产品价值实现机制研究和试点评估报告.

[12] 周永章，华琳. 乳源瑶族自治县生态产品价值实现机制试点建设实施方案.

3.

中山市区域自然环境概况

- 区域自然地理概况
- 资源能源开发利用概况
- 生态环境问题与制约因素

3.1 区域自然地理概况

3.1.1 地理位置

中山市地处珠江三角洲中心地带，东向与香港特别行政区、深圳市隔海相望，西接江门市，北靠广州市，南向珠海市和澳门特别行政区，是粤港澳大湾区的重要组成部分，珠江西岸区域性综合交通枢纽，交通便利、贸易发达，区位优势明显。

中山市境内陆地面积1781km^2，下辖中山港、南区、东区、西区、石岐、五桂山、民众、南朗8个街道，黄圃镇、阜沙镇、南头镇、东凤镇、小榄镇、古镇镇、港口镇、沙溪镇、大涌镇、横栏镇、板芙镇、三乡镇、神湾镇、坦洲镇、三角镇15个镇。区域内还含有1个国家级开发区——中山火炬高技术产业开发区和1个经济协作区——翠亨新区。

3.1.2 地貌、地质

中山市以平原为主。地势中部高亢，有较大面积的低山丘陵分布，四周平坦，平原地区自西北向东南倾斜。五桂山、竹嵩岭等山脉突屹于市中南部，五桂山主峰海拔531m，为中山市最高峰。

地貌由大陆架隆起的低山、丘陵、台地和珠江口的冲积平原、海滩组成。其中低山、丘陵、台地占全境面积的24%，土壤类型为赤红壤。平原和滩涂占全境面积的68%，其中平原土壤类型为水稻土和基水地，滩涂广泛分布有滨海盐渍沼泽土及滨海沙土。

中山市出露地层以广泛发育的新生界第四系为主，在北部、中部和南部出露有古生界、中生界地层和北部零星出露的元古界震旦系的古老地层。新生界第四系在境内分布广泛，按其成因类型分为残积层、冲洪积层、冲积海积层和海积层。

3.1.3 气候、气象特征

中山市地处低纬，全境均在北回归线以南，属南亚热带季风气候。市境太阳高度角大，太阳辐射能量丰富，终年气温较高；濒临南海，夏季风带来大量水汽，成为降水的主要来源；地形以平原为主，但中南部亦有较大面积的低山丘陵分布。因此，形成了光热充足、雨量充沛、干湿分明的气候特征。

（1）风向

中山市风向的变化，主要受季风环流的影响，常年主导风向为偏东风，冬季主导风向为东北风，夏季主导风向为东南风，静风频率达25%。

（2）风速

历年平均风速仅1.9m/s。各季平均风速差异较小，以夏季为大，冬季较小。由于受台风侵袭，极端最大风速超过12级。

（3）降雨

历年年平均降雨量1886mm，历年最大年降雨量2744.9mm（1981年），历年最小年降雨量1000.7mm（1956年），降雨集中季节在4～9月，历年平均暴雨天数8.5d。

（4）湿度

历年平均相对湿度83%，历年最大相对湿度100%，历年最小相对湿度17%。

影响中山市的灾害性天气主要有台风、霜冻、低温阴雨、寒露风和暴雨。

3.1.4 水文、水系特征

3.1.4.1 地表水

中山市地处珠江三角洲中南部，东临伶仃洋，珠江八大出海水道中有磨刀门、横门、洪奇沥三条经市境出海。市境内平原广阔，山丘起伏，雨量多而强度大。水系可以划分为平原河网和低山丘陵河网两个有明显区别但又互相联系的部分。平原地区河网深受南海海洋潮汐的影响，具典型河口区特色，属于双向流。

中山市平原河网是珠江河口区网状水系的主要组成部分之一，呈现大致自西北向东南伸展的扇形网状河系。河网密度相当大，达0.9～1.1km/km^2，是我国河网密度最大的地区之一。市境内平原河网的河道，河床高程均处于海平面以下，且坡降很小。绝大部分河床的纵剖面均表现为波状起伏，仅磨刀门水道河床的纵剖面出现倒比降。中山市境内平原河网，由于易受潮系影响和洪涝灾害，因此很多平原河网与主要水道相连通的河汊口处设有人工水闸，受水闸人工调度控制，平原河网区河涌内的水流流向总体上也呈现为单向流特征，尤其是岐江河汇水区。

中山市低山丘陵区的河流，大部分流入珠江各干支流，小部分独流注入珠江河口湾伶仃洋，因此仍属珠江水系。受地质构造和地貌形态的影响，各河溪表现出以五桂山为中心向四周流散的放射状网格分布的特点。河床纵剖面一般比降较大，河床横剖面多成“V”形。主要河溪有北台溪、小隐涌、茅湾涌等。集雨面积最大河溪为北台溪，流域达85.4km^2，其余一般都在20km^2以下。

中山市境内地表水体按照流域划分，可以划分为岐江河流域、前山河流域、民三联围流域、五乡联围流域、文明围流域、南朗流域等15个流域。前山河流域主要涉及三乡镇、神湾镇和坦洲镇，排水去向由前山河水道排往下游珠海市境内。岐江河流域是全市最大流域，岐江河是全市最主要的排水通道。岐江河流域、小隐涌流域汇入横门水道。文明围流域、马新围流域、大雁围流域、三乡围流域、横石围流域、民三联围流域包括南头镇、黄圃镇、三角镇与民众街道，均属于洪奇沥水道排水区。南朗流域则是南朗街道辖区排往近岸海域的溪流汇水区。

3.1.4.2 地下水

中山市地下水可分为松散岩类孔隙水和基岩裂隙水两大类型，一般不作为饮用水源。温泉是地下水一种特殊的出露形式，中山温泉有一定知名度，已发现的有两处：一处为三乡温泉；另一处为长沙埔附近海滩出露的长沙温泉。

3.1.5 太阳能、矿产、旅游资源

3.1.5.1 太阳能

中山市是广东省内太阳辐射资源比较丰富的地区之一。年平均日照时间1902h，年均太阳总辐射量达445kJ/cm^2，全年日均气温高于10℃天数为340d，年积温7692℃。

3.1.5.2 矿产

中山市矿产种类不多，金属矿产十分短缺。优势矿产主要有建筑

用花岗岩、矿泉水、地下热水、砂料和耐火黏土。现已探明并开发利用的矿产仅有花岗岩石料、砂料、耐火黏土和矿泉水、地下热水。其中石料主要是黑云母花岗岩、黑云母二长花岗岩和花岗闪长岩，广泛分布于市内的低山、丘陵和台地，以五桂山和竹嵩岭储量最为丰富；地下热水含氟、氡，适用于医疗，可作为温泉浴使用，主要分布在三乡、坦洲等地；矿泉水是20世纪80年代后期兴起的矿产资源开发产业，属花岗岩裂隙水，为偏硅酸低矿化度饮用天然矿泉水，主要分布于五桂山至神湾一带的山区；砂料以中粗粒石英砂为主，主要分布于市内东部龙穴、下沙一带沿海地区；耐火黏土主要分布于火炬开发区濠头村附近。

3.1.5.3 旅游

中山市是中国优秀旅游城市，名人胜迹、五桂山脉和珠江三角洲南部的水乡特色，形成多姿多彩的人文与自然景观。

中山市内主要旅游景点有孙中山故居、孙中山纪念馆、孙文纪念公园、中山温泉、长江水库旅游区、岭南水乡、逸仙湖公园、烟墩山古塔、西山禅寺、南山古香林等。土特产主要有三月红荔枝、神湾菠萝、小榄菊花肉、中山杏仁饼、石岐乳鸽、东升脆肉鲩、荼薇花制品、三乡濑粉、黄圃腊肠等。

3.2 资源能源开发利用概况

3.2.1 水资源利用现状

3.2.1.1 供水量

2020年全市总供水量为$14.69\times10^8m^3$。其中：地表水源供水量

$14.46\times10^8m^3$，占供水总量的98.4%；地下水源供水量$22.0\times10^4m^3$，占供水总量的0.01%；污水处理回用与雨水利用等其他水源供水量为$0.229\times10^8m^3$，占供水总量的1.6%[1]。

在地表水源供水量中，蓄水工程供水量为$0.32\times10^8m^3$，占2.2%。引水工程供水量为$4.93\times10^8m^3$，占34.1%；提水工程供水量为$9.21\times10^8m^3$，占63.7%。目前中山市主要以提水、引水工程供水为主，提水工程主要供给生活和工业用水，引水工程主要供给农业用水。地下水供水为$22.0\times10^4m^3$，深层地下水供水量$21.0\times10^4m^3$，占95.5%；浅层地下水供水量$1.0\times10^4m^3$，占4.5%。其他水源供水量为$0.235\times10^8m^3$，污水处理回用供水量为$0.227\times10^8m^3$，占96.6%；雨水利用供水量为$2.1\times10^5m^3$，占0.9%；海水淡化供水量为$5.8\times10^5m^3$，占2.5%[2]。

3.2.1.2 用水量

2020年中山市全市用水总量为$14.69\times10^8m^3$。其中：生活综合用水$5.05\times10^8m^3$，占用水总量的34.4%；一般工业用水$2.51\times10^8m^3$，占用水总量的17.1%；火电用水$2.20\times10^8m^3$，占用水总量的15.0%；农业用水$4.93\times10^8m^3$，占用水总量的33.5%。按生产（包括农业、工业及城镇公共）、生活（指居民生活）、生态（指生态环境）划分：生产用水$11.60\times10^8m^3$，占用水总量的79.0%；生活用水$2.75\times10^8m^3$，占用水总量的18.7%；生态补水$0.34\times10^8m^3$，占用水总量的2.3%[3]。

3.2.1.3 用水消耗量

2020年全市耗水总量为$4.97\times10^8m^3$。其中：农业耗水量$2.94\times10^8m^3$，占耗水总量的59.3%；工业耗水量$0.76\times10^8m^3$，占耗水总量的15.2%；居民生活耗水量$0.56\times10^8m^3$，占耗水总量的11.3%；城镇公共耗水量$0.57\times10^8m^3$，占耗水总量的11.5%；生态环境耗水量

$0.14 \times 10^8 m^3$，占耗水总量的2.7%。2020年全市综合耗水率为33.8%[4]。

3.2.2 能源利用现状

2020年中山市能源消费总量为1123.13万吨标准煤。单位GDP能耗和单位工业增加值能耗较2019年分别下降6.22%和8.49%[5]。近年来，清洁能源消费比重相对较高且稳步增加，煤炭消费比重相对较低，结构均衡合理。

3.3 生态环境问题与制约因素

（1）中山市目前主要生态问题

① 后备土地资源有限；

② 城镇绿地系统质量需要进一步提高和完善；

③ 自然保护区建设进程较慢；

④ 自然生态系统受到人为干扰严重，生态服务功能受到削弱；

⑤ 现状植被以灌丛和各种人工林为主，生态调节功能不强；

⑥ 资源开发活动对局部生态环境造成严重破坏；

⑦ 外来物种入侵风险增强。

（2）中山市主要生态环境污染问题

① 水环境质量现状不容乐观，内河涌水质改善不明显；

② 空气质量仍有隐忧，臭氧污染仍然突出；

③ 一般工业固体废物末端处置能力不足，危险废物利用处置能力结构不均衡；

④ 邻避的噪声问题突出；

⑤ 农用地土壤重金属污染不可忽视，土壤污染治理和修复尚未全面铺开。

（3）中山市农村环境问题主要表现

① 农业面源污染加重；

② 农村工业污染凸显；

③ 农村生活污水和生活垃圾污染日趋突出，城乡一体化需进一步加强；

④ 农业固体废物资源化率偏低；

⑤ 土壤重金属污染值得关注。

3.3.1 土地开发空间不足

中山地域狭小，后续可开发空间不足。土地开发强度较高，土地使用粗放、低效开发比较突出。产业空间布局零散，产业集聚程度及层次不高。城镇化过程中工业用地管理欠科学，导致产业同构、重复建设、土地闲置与土地紧缺并存等问题发生。

现状建设用地占用适宜生态用地范围内的面积较大。由于忽视生活服务和生态支撑功能，导致生活和生态空间质量未能得到有效改善，局部区域由于过度开发引发了河流污染严重、湿地萎缩等生态环境问题。城镇建设“摊小饼”、资源利用碎片化有待克服。

3.3.2 生态环境质量改善存在难度

区域环境污染压力大。水环境污染、臭氧超标、挥发性有机化合物(VOCs)、工业固体废物和污泥处置都存在不同程度的问题。特别是部分镇街内河涌未能达到水环境功能区划目标。农村生活污水污染成为近年来中山市环境保护投诉的热点和难点问题。

此外，生态环境监测能力、监督执法能力落后于经济发展对环境支撑能力的需求，生态环境质量改善存在难度。

3.3.3 企业环保意识相对薄弱

生态意识、公共服务能力与生态文明要求存在一定差距。部分企业环保意识仍然淡薄，生态环境违法事件时有发生。保护生态环境还没有变成自觉行动。宣教力度不够，生态文明宣教对象主要针对小学生教育，对包括中学和高校学生、在职领导干部、企业管理者、广大群众宣教不足。公共服务设施欠缺且配备不均，农村地区的基本公共服务能力和基础设施建设尚需进一步完善。

参考文献

[1] 中山市水务局.2020年度中山市水资源公报.

[2] 中山市水务局.2020年度中山市水资源公报.

[3] 中山市水务局.2020年度中山市水资源公报.

[4] 中山市水务局.2020年度中山市水资源公报.

[5] 2021年中山市统计年鉴.

4.

中山市产业发展现状

- 各镇街产业发展现状
- 环保共性产业园产业类型及企业发展现状
- 村镇工业集聚区升级改造
- 中山市园区发展存在的问题
- 中山市产业发展规划

4.1 各镇街产业发展现状

4.1.1 总体情况

中山市是粤港澳大湾区重要的先进制造业城市和国家特色产业集群创新基地，产业基础扎实。

全市拥有装备制造、电子信息、灯饰光源、家用电器等23大产业集群，产业链条完善。其中，装备制造业是中山市第一大支柱产业。光电装备制造、风力发电设备、海洋工程装备、电梯、通信装备、包装印刷设备、纺织机械等行业在省内和国内处于领先地位。

中山市制造业的行业优势地位较为突出。作为经济和城市发展的重要支撑，当前制造业的增加值和提供的财政收入均占全市总额的50%以上，从业人数占全市就业人数的40%以上。五金灯饰、纺织服装、家用电器、食品饮料、日用化工等传统产业发达，以新一代信息技术、新能源、高端装备、电器机械、生物医药等战略性新兴产业正在成为新一轮的主导产业。

中山市民营经济发达。目前，全市形成有以沙溪镇的纺织服装、小榄镇的金属制品业、古镇镇的灯饰业、东凤镇的小家电制造业为主的一大批区域特色产业集群民营经济。涌现出明阳风电、大洋电机、奥马电器、联合光电等一大批成长性好的龙头企业。全市拥有营业收入亿元以上企业和服务业企业1000余家，其中多家营业收入100亿元以上。

4.1.2 存量工业园区（集聚区）发展现状

中山市内目前工业园区（集聚区）数量约为99个，部分园区为村镇工业自发集聚形成的工业园区，规模较小，未能形成镇街特色产业链集聚效果。

根据重点发展产业进行统计，主要发展高新产业的园区为中山火炬高技术产业开发区和广东中山翠亨经济技术开发区。传统产业分布于各镇街，如中山市黄圃镇食品工业园第一食品集中生产点、中山市古镇镇同益工业园、中山市南头镇升辉北产业集聚区等。重污染行业主要分布在中山高平化工区、中山小榄镇龙山电镀基地、中山市民众镇沙仔综合化工集聚区。

目前，中山市大部分园区配套措施较为落后，且未能按要求在规划实施后组织跟踪评价。存量工业园区中有规划集中供热的园区有8个，规划集中污水处理站的共27个，仅1个园区进行跟踪评价。

园区产业发展与规划不符现象突出。实际发展产业与规划保持一致的园区仅18个。进驻园区的规模以上企业约768家，但近半数园区的规上企业占比不足20%，大部分园区内主要为小型、微型企业。

园区内重点排污单位约70家，主要为电镀和印染，分布在中山高平化工区及小榄镇龙山电镀基地。

中山市各工业园区（集聚区）基本情况与产业定位见表4-1。

表4-1 中山市各工业园区（集聚区）基本情况与产业定位

组团名称	镇街名称	园区或集聚区名称	用地规模/hm^2	产业定位	实际主要发展产业
中心组团	五桂山	中山市五桂山长命水工业区	61.9	一类、二类工业企业，主要以发展电子电器、五金制品、制衣等一类工业为主	家具制造业、橡胶和塑料制品业、金属制品业、电子设备制造业

续 表

组团名称	镇街名称	园区或集聚区名称	用地规模/hm^2	产业定位	实际主要发展产业
中心组团	五桂山	中山市五桂山龙石工业区	110	一类、二类工业企业，主要以发展电子电器、五金制品等一类工业为主	金属制品业、通用设备制造业、家具制造业、造纸和纸制品业
东部组团	火炬开发区	中山火炬高技术产业开发区	1710	集中新建区主要引进电子信息类工业企业、汽车配件类企业。政策区一主要引进健康医药、食品类企业。政策区二主要引进装备制造、新能源、新材料类企业	（1）集中新建区：电子设备制造业、专用及通用设备制造业、橡胶和塑料制品业、电气机械和器材制造业。（2）政策区一：医药制造业、专用设备制造业、电气机械和器材制造业、电子设备制造业、食品制造业。（3）政策区二：专用及通用设备制造业、运输设备制造业、橡胶和塑料制品业、化学原料和化学制品制造业
		中山市横门岛临海工业园区域开发项目	2075	高新技术产业，重点发展装备制造、能源材料、包装印刷高技术行业	专用及通用设备制造业、橡胶和塑料制品业、电子设备制造业
		中国技术市场科技成果产业化（中山）示范基地（原：中山火炬民族工业园）	466	医药食品加工业、电子信息产业、新型材料工业等	专用及通用设备制造业、橡胶和塑料制品业、金属制品业、电子设备制造业、电气机械和器材制造业
		中山火炬民族工业园五金工业城	21.34	五金工业	
		中山健康科技产业基地	352	医药（原药配比混合）、医疗器械、食品等	医药制造业、专用设备制造业、食品制造业、电气机械和器材制造业

续 表

组团名称	镇街名称	园区或集聚区名称	用地规模/hm²	产业定位	实际主要发展产业
东部组团	火炬开发区	中山市张家边逸仙工业区	72.47	包装印刷、鞋业制造、电子加工等	电子设备制造业、印刷和记录媒介复制业、通用设备制造业、橡胶和塑料制品业
		中山市包装印刷生产基地二期（逸仙科技工业园）	112.75	电子、包装印刷、玩具制造等	电子设备制造业、橡胶和塑料制品业、金属制品业、专用设备制造业
	翠亨新区	广东中山翠亨经济技术开发区	452.25	智能产业、科技金融、健康医疗产业、现代服务业	现代服务业、智能产业、科技金融、健康医疗产业
	南朗	中山市东南绿色工业园	1130	电子信息等高新技术产业、健康医药、包装印刷、汽车配件业、装备制造业等第二产业为主	医药制造业、化学原料和化学制品制造业、电子设备制造业、通用设备制造业
		中山市南蓢工业区首期工程	232.74	电子、生物医药、轻纺等	金属制品业、设备制造业、电气机械和器材制造业、橡胶和塑料制品业
东北组团	黄圃	中山市黄圃镇横档化工集聚区首期	40.59	重点发展精细化工与专用化学品、涂料行业和生物化工等	化学原料和化学制品制造业、通用设备制造业、金属制品业
		中山市中国食品工业示范基地	124.54	食品加工业	农副食品加工业、饮料制造业、橡胶和塑料制品业、电气机械和器材制造业
		中山市黄圃镇食品工业园第一食品集中生产点	5	腊味食品加工	农副食品加工业，酒、饮料和精制茶制造业，橡胶和塑料制品业，电气机械和器材制造业

续 表

组团名称	镇街名称	园区或集聚区名称	用地规模/hm²	产业定位	实际主要发展产业
东北组团	黄圃	中山市黄圃镇大雁工业区	293.13	一类工业、二类工业为主	电气机械和器材制造业（家电制造）、金属制品业、橡胶和塑料制品业、非金属矿物制品业、通用设备制造业
	三角	中山高平化工区	666.67	五金加工区、纺织行业、制革行业、无浆造纸行业、电子科技	金属制品业、纺织制造业、电子设备制造业
	民众	中山市民众镇沙仔综合化工集聚区	664.1	纺织印染、精细化工行业	纺织业、纺织服装服饰业、化学原料和化学制品制造业
		中山市民三工业区（B区）	100	加工贸易、电子、电器、玩具、食品等轻工业项目为主	
		中山市民三工业区（城镇南工业园）	539.1	引进服装加工贸易、电子、电器、玩具、食品等轻工业项目为主，以发展一、二类工业为主	纺织业、纺织服装服饰业、电子设备制造业、仪器仪表制造业、文教娱乐用品制造业
		中山市民众镇化工建材基地	436.02	精细化工、能源化工仓储和建材等行业	化工仓储、成品油仓储及码头运输业
		中山市民众镇新平工业集聚地	100	服装加工业及其配套的纺织染整和印染业，其次是鞋类和五金加工等	纺织业、纺织服装服饰业、化学原料和化学制品制造业
西北组团	古镇	中山市古镇镇同益工业园	484.96	灯饰研发、生产加工项目及电子、五金加工	电器机械和器材制造业、金属制造业
	小榄	中山市小榄镇五金表面处理集聚区	16.72	五金表面处理、一般五金塑料加工	金属制品业

续 表

组团名称	镇街名称	园区或集聚区名称	用地规模/hm^2	产业定位	实际主要发展产业
西北组团	小榄	中山市小榄镇龙山电镀基地	50.86	专业电镀	金属制品业
		中山市东升镇东锐工业区	100	纸类加工厂、电镀厂	金属制品业、通用设备制造业、电气机械和器材制造业、橡胶和塑料制品业、家具制造业
		中山市泰丰工业区同茂工业园	251.61	发展一类工业为主，严格限制二类工业，禁止三类工业	电气机械和器材制造业、金属制品业、橡胶和塑料制品业、家具制造业
	阜沙	中山市阜沙镇精细化工产业集聚区	35.7	精细化工产业	化学原料和化学制品制造业、电气机械和器材制造业
		阜港工业区上南工业园	366.67	五金家电	金属制品业、电气机械和器材制造业、橡胶和塑料制品业、化学原料和化学制品制造业
	南头	中山市南头镇升辉北产业集聚区	966.12	家电、五金机械、电子通信器材等产业	电气机械和器材制造业、设备制造业、金属制品业、橡胶和塑料制品业
	横栏	横栏镇灯饰供应链产业规划	19.99	灯饰配套、高端产品配套产业	灯饰配套、高端产品配套产业，包括金属表面处理及表面涂装
南部组团	坦洲	中山市坦洲镇第三工业区	357.1	信息、电子等高技术产业	金属制品业、橡胶和塑料制品业、专用及通用设备制造业、电子设备制造业

续 表

组团名称	镇街名称	园区或集聚区名称	用地规模/hm^2	产业定位	实际主要发展产业
南部组团	坦洲	中山市坦洲镇安南工业园	200	电镀、洗水、漂染、印花等行业	电子设备制造业、金属制品业、通用设备制造业、橡胶和塑料制品业
	板芙	中山市板芙镇顺景工业园	277.9	发展一类、二类工业为主	家具制造业，皮革、毛皮、羽毛及其制品业和制鞋业，金属制品业
	神湾	中山市神湾港工业区	775.09	一类、二类企业为主的原则，优先发展电子、生物工程和五金电器等行业	纺织业、金属制品业、电气机械和器材制造业、电子设备制造业
	三乡	中山市三乡镇金属表面处理产业规划区	109.27	铝材加工制造产业、汽车零配件及维修设备制造产业	铝材加工制造产业、汽车零配件及维修设备制造产业
		中山市三乡镇平埔工业区	490.45	引进一类工业、限值二类工业、严禁三类工业	橡胶和塑料制品业、金属制品业、通用设备制造业、文教体美用品制造业

4.2 环保共性产业园产业类型及企业发展现状

环保共性产业园覆盖三大产业类型。

① 第一产业中的农业绿岛建设，水产养殖池塘尾水采用集中处理

的模式，推动水产养殖尾水达标排放。

② 第二产业中的家具、五金、家电、灯饰、游艺等产业，均可根据工艺建设环保共性产业园，实现污染工序集中治污。

③ 第三产业中的汽车钣金喷涂等。

4.2.1 第一产业

养殖池塘升级改造与尾水治理如下。

中山市是广东水产养殖大市，养殖面积和产量居全省前列。2020年全市水产养殖面积20707hm^2（约30万亩），以淡水池塘养殖为主。2020年淡水养殖产量349703t，淡水养殖品种以鱼类为主，占淡水养殖总量的83.6%。目前中山市鱼塘养殖主要养殖对象有四大家鱼、脆肉鲩、脆肉罗非鱼、鳜、中华鳖、南美白对虾、斑点叉尾鮰、生鱼等品种。

根据第二次全国污染源普查统计，全市水产养殖尾水年排放量不少于1.5×10^8t，约占全市污水废水排放总量的25%。全市水产养殖尾水COD_{Cr}不少于7500t/a，是农业面源污染的主要来源，约占全市COD_{Cr}排放量的13%。

为推动水产养殖绿色发展，助力乡村产业振兴，中山市从2021年起开展养殖池塘升级改造与尾水治理三年行动。养殖池塘升级改造以及尾水集中治理充分体现了“集约建设，共享治污”的理念，可大大降低治污成本，有助于提升规模化经营水平。根据工作方案，各镇街要在2024年前按照应改尽改原则对全市连片养殖的池塘进行升级改造，建设养殖尾水治理设施在线监测管理系统。2022年，全市计划整治鱼塘面积为6.6万余亩，约占全市鱼塘面积的22%。

4.2.2 第二产业

（1）家具产业

中山家具产业是广东省重点培育的产业集群，也是中山传统特色优势产业之一。整体呈现专业化特色化发展态势，产业链配套完善，产业发展平稳，区域辐射能力较强，资本和人才实力雄厚，产业集群效应显著。

中山市家具产品品类齐全，主要以古典红木家具、办公家具为主，拥有大涌、沙溪、三乡、小榄、板芙等家具产业名镇，其中大涌镇和沙溪镇主要生产红木家具，小榄主要生产办公家具，形成了一条比较成熟的产业链。

根据镇街产业调研结果，中山市家具产业共1932家（图4-1）。其中，家具企业较多的镇街有大涌镇、三乡镇、小榄镇、板芙镇等，占全市82%（图4-2，书后另见附图）。结合全市实际，规划在大涌镇、三乡镇、小榄镇、板芙镇、港口镇等镇街布设以家具为主导产业的环保共性产业园。

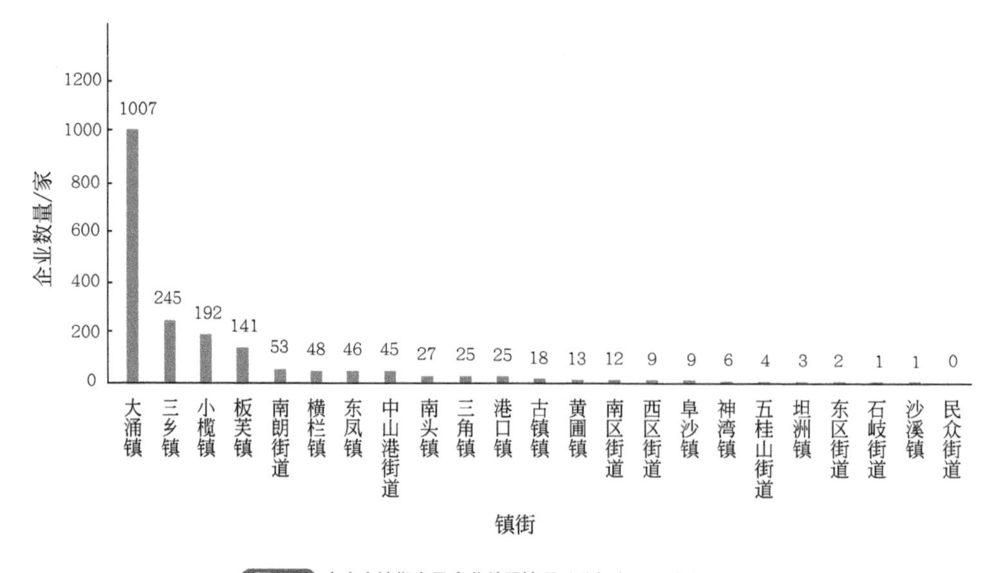

图4-1 中山市镇街家具企业数量情况（数据来源：镇街调研）

图4-2 中山市家具企业分布示意图（数据来源：镇街调研）

家具制品主要分为木质家具、金属家具和塑料家具，主要典型生产工艺流程如图4-3所示。

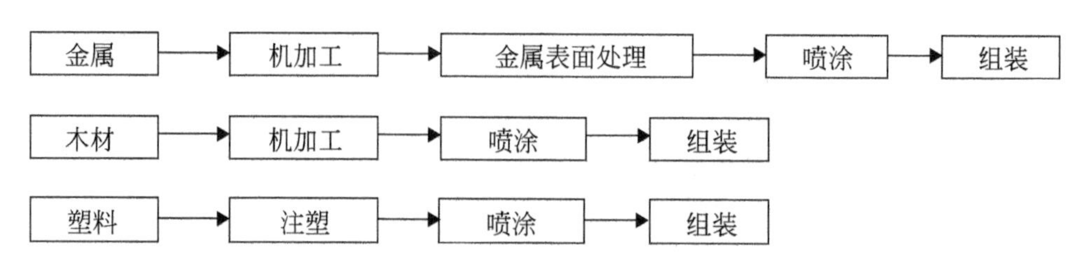

图4-3 家具制品主要典型生产工艺流程

金属家具主要生产工序为机加工、金属表面处理、喷涂，木材家具主要生产工序为机加工、喷涂，塑料家具主要生产工序为注塑、喷涂。

相应地，选取污染较重的金属表面处理、喷涂、注塑工序进行共性聚集。

（2）金属制品业

金属制品业是中山工业的支柱产业和重要的区域特色产业。特别是小榄镇锁具制造发展迅速，形成以锁具为龙头，上下游产品及各类配件齐全的产业群，其产品在国内有较高的市场占有率。产品远销欧美、东南亚等地。

根据镇街产业调研结果，中山市金属制品产业共6654家（图4-4），其中金属制品企业较多的镇街有东凤镇、横栏镇、小榄镇、黄圃镇、三乡镇、三角镇等，约占全市73%（图4-5，书后另见附图）。结合全市实际，在东凤镇、横栏镇、小榄镇、黄圃镇、三乡镇、三角镇六个镇街布设以金属制品为主导产业的环保共性产业园。

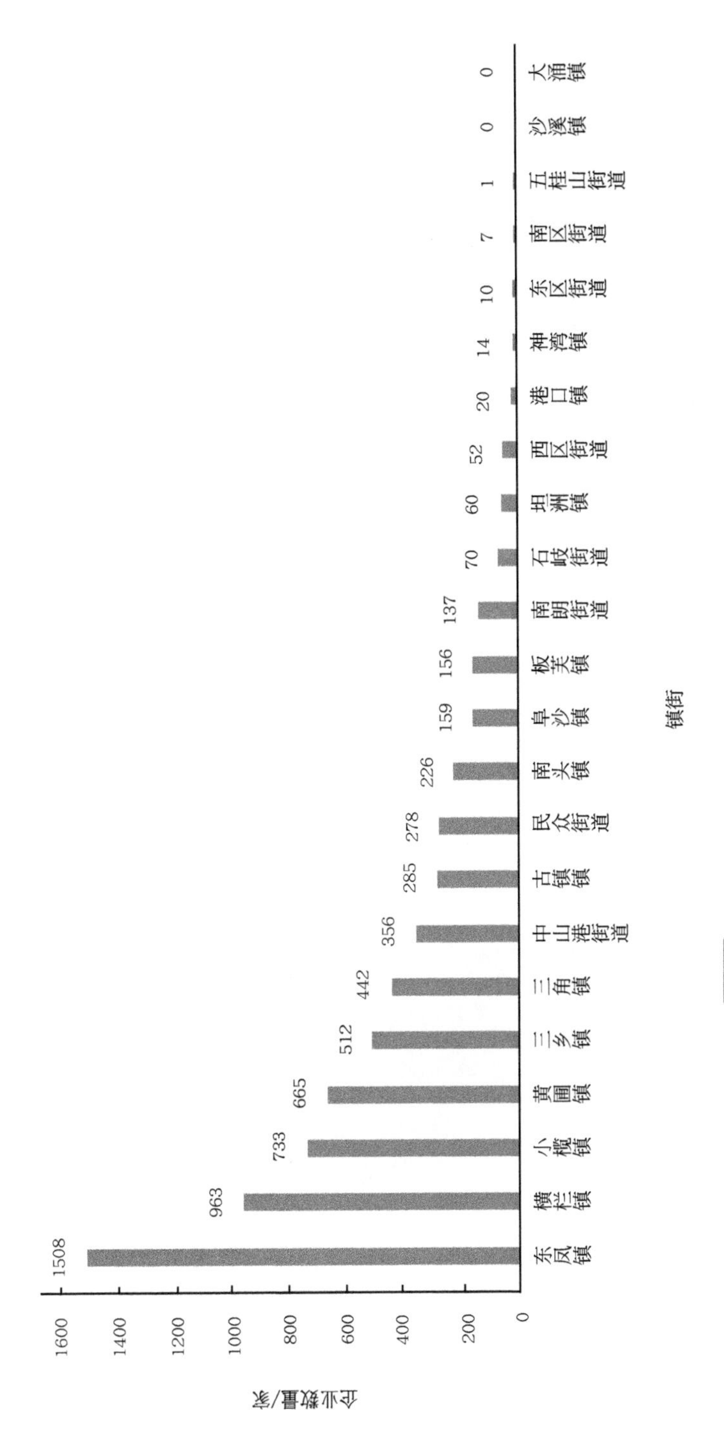

图 4-4 中山市镇街金属制品企业数量情况（数据来源：镇街调研）

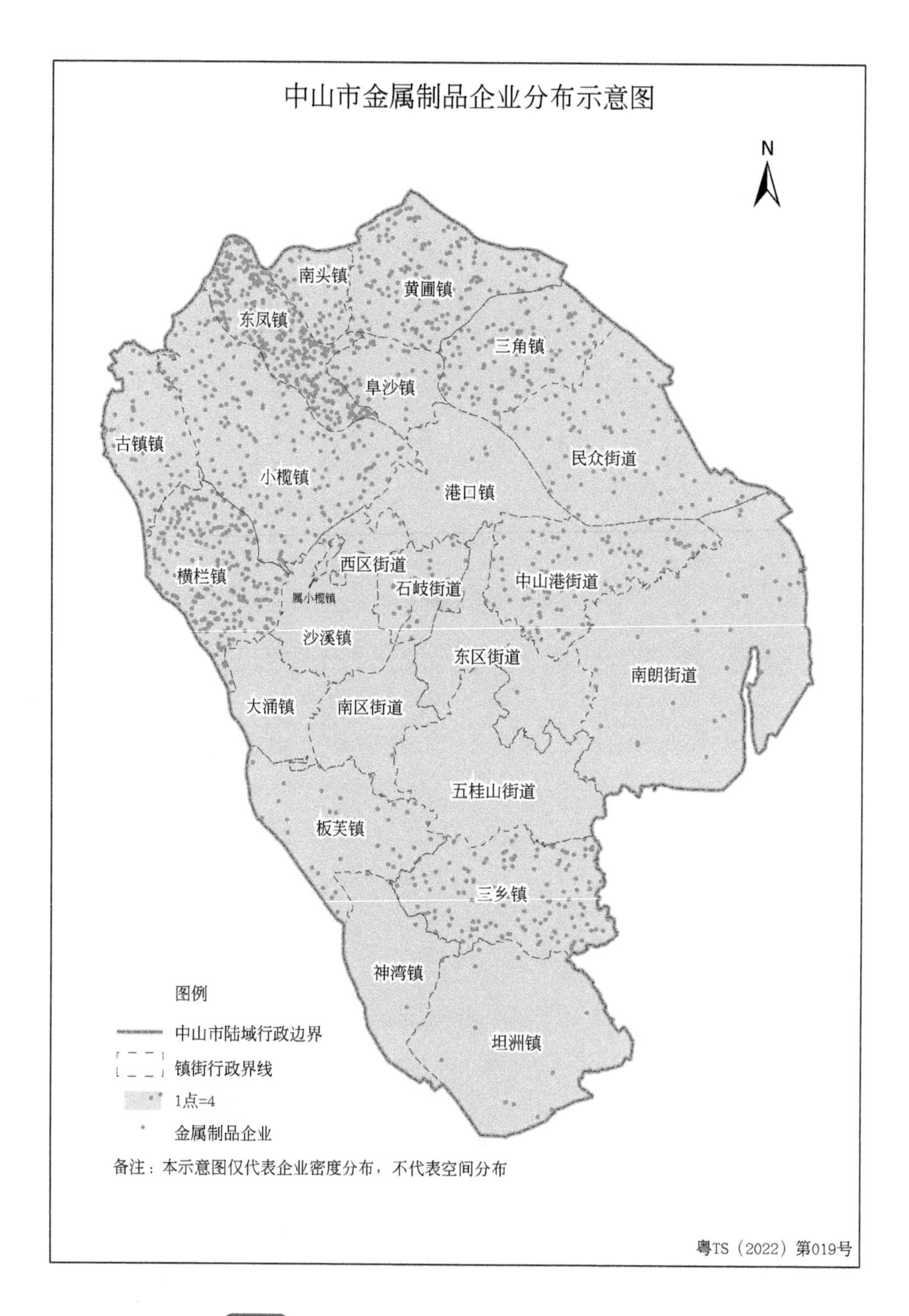

图4-5 中山市金属制品企业分布示意图（数据来源：镇街调研）

金属制品主要典型生产工艺流程如图4-6所示。

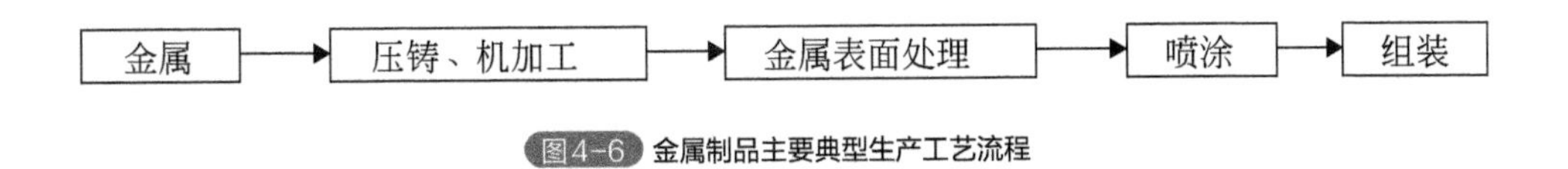

图4-6 金属制品主要典型生产工艺流程

金属制品主要生产工序为压铸、机加工、金属表面处理、喷涂。选取压铸、金属表面处理、喷涂等污染较重的工序进行共性聚集。

(3) 家用电器产业

自20世纪90年代改革开放以来，中山市率先形成了我国重要的家用电器产业集群，在厨卫电器、小家用电器等产品领域处于全国领先地位，尤其在出口领域具有明显的优势。中山市集中了南头镇“中国家电产业基地”、东凤镇“中国小家电产业基地”、黄圃镇“中国家电产业配套创新基地”等；拥有一大批具有竞争优势的家电企业、著名品牌，包括美的、格兰仕、TCL、长虹、华帝、奥马、万和等。大家电中，中山市的制冷产品出口排名居全国前列，而小家电电器中中山市的室内舒适类产品拥有优势。

全市3600余家家电企业位于东凤镇内，其余依次是黄圃镇、南头镇和小榄镇。东凤镇的小家电产业几乎占据了全镇总数的2/3。根据镇街调研结果，中山市家电企业约5978家（图4-7），其中东凤镇3640家（60.89%）、黄圃镇749家（12.53%）、南头镇540家（9.03%）、小榄镇432家（7.22%）、阜沙镇134家（2.24%），五个镇街家电产业企业数量占全市总量的92%（图4-8，书后另见附图）。结合全市实际，规划在东凤镇、黄圃镇、小榄镇、南头镇、阜沙镇五个镇街布设以家电为主导产业的环保共性产业园。

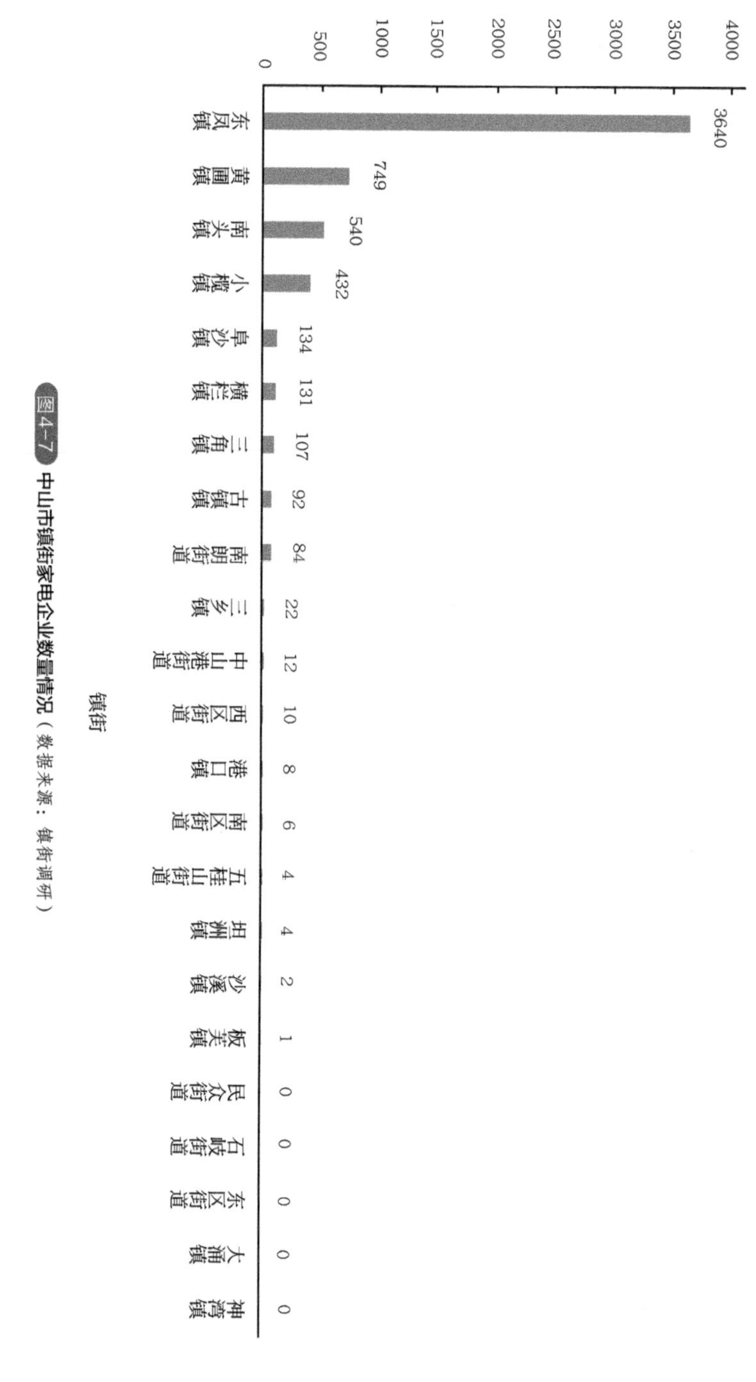

图4-7 中山市镇街家电企业数量情况（数据来源：镇街调研）

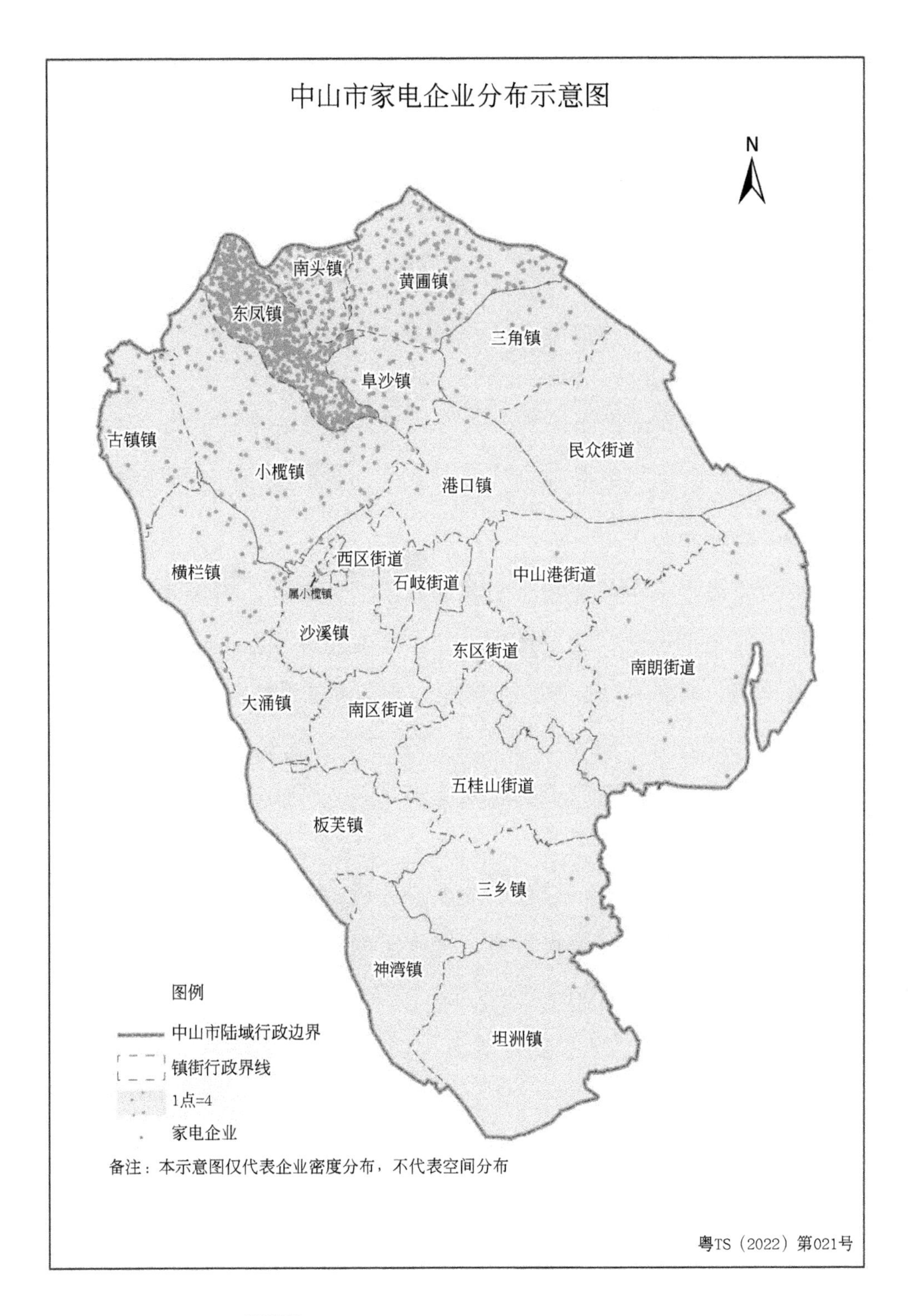

图4-8 中山市家电企业分布示意图（数据来源：镇街调研）

家电产品主要分为金属配件加工和塑料配件加工，主要典型生产工艺流程如图4-9所示。

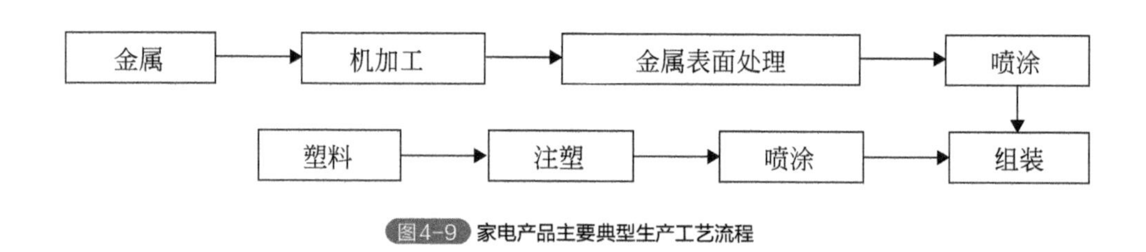

图4-9 家电产品主要典型生产工艺流程

家电产品主要生产工序为机加工、金属表面处理、喷涂、注塑。选取污染较重的金属表面处理、喷涂、注塑工序进行共性聚集。

（4）灯饰产业

中山市已形成年产值超千亿元的灯饰产业集群。古镇是国内最大的灯饰专业生产基地和批发市场，灯饰产业生产和批发辐射周边地市和镇街。产业集群中以小微企业居多，占经济总量的95%以上。

灯饰产业的生产链条已趋完善，在古镇区域内形成了涵盖工业、批发零售业及相关配套产业的产业结构，并且开始对产业链的内部不断进行细分。上游配件产业，灯饰生产所需要的塑料、玻璃、钢管、电器件等产品自发集聚，灯饰产业大量分散的中间产品和上游产品厂商开始选择在中山古镇聚集生产，提高了集群纵向一体化的程度和整个古镇地区灯饰产品的市场竞争力。

灯饰制品生产工序主要为五金机加工、塑料配件制造、表面处理、喷涂等，拟可聚集共性产污工序为金属压铸、注塑、表面处理、喷涂。根据镇街调研结果，中山市灯饰产业共13421家（图4-10），其中横栏镇6419家（47.83%）、古镇镇6338家（47.22%）、小榄镇372家（2.77%），三个镇街灯饰产业企业数量占全市总量的98%（图4-11，书后另见附图）。结合全市实际，在横栏镇、古镇镇、小榄镇三个镇街规划以灯饰为主导产业的环保共性产业园。

图4-10 中山市镇街灯饰企业数量情况（数据来源：镇街调研）

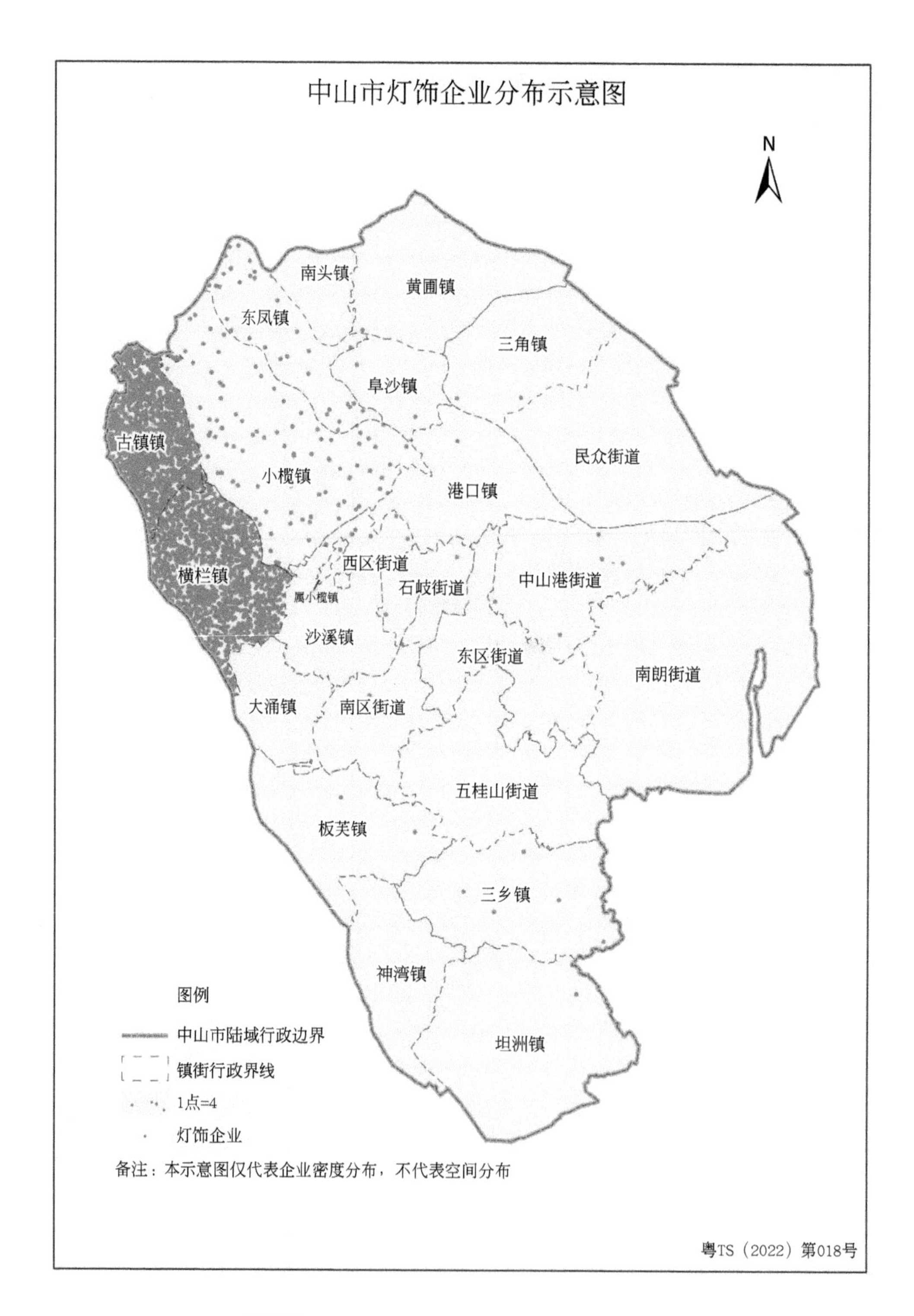

图4-11 中山市灯饰企业分布示意图（数据来源：镇街调研）

灯饰产品主要分为金属灯具和塑料灯具，主要典型生产工艺流程如图4-12所示。

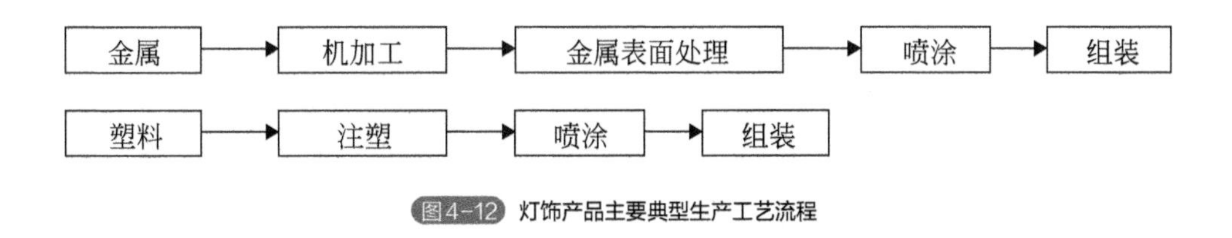

图4-12 灯饰产品主要典型生产工艺流程

金属灯具产品主要生产工序为机加工、金属表面处理、喷涂；塑料灯具产品主要生产工序为注塑、喷涂。

选取污染较重的金属表面处理、喷涂、注塑工序进行共性聚集。

（5）游戏游艺产业

中山市游戏游艺行业已形成先进制造业与现代服务业双轮驱动、产业集群效应逐步显现的新业态。其中，港口镇是中国游戏游艺产业基地，镇政府整合土地资源、出台多个层面的扶持政策，推动中山游戏游艺企业在港口镇区集聚并快速发展，镇区游戏游艺行业品牌影响力不断增强。

港口镇内游戏游艺企业小规模占比较大，多数以室内游艺机和露天游乐设备制造为主，少部分企业从事或者兼营游戏软件、动漫产品开发、游戏游艺设备及配件贸易。随着供销链条成熟，港口的游艺企业配套逐渐完善。根据镇街调研结果，中山市游艺产业共49家（图4-13），企业分布聚集性较为明显，港口镇共34家，占比70%（图4-14，书后另见附图），因此在港口镇规划游艺产业的环保共性产业园。

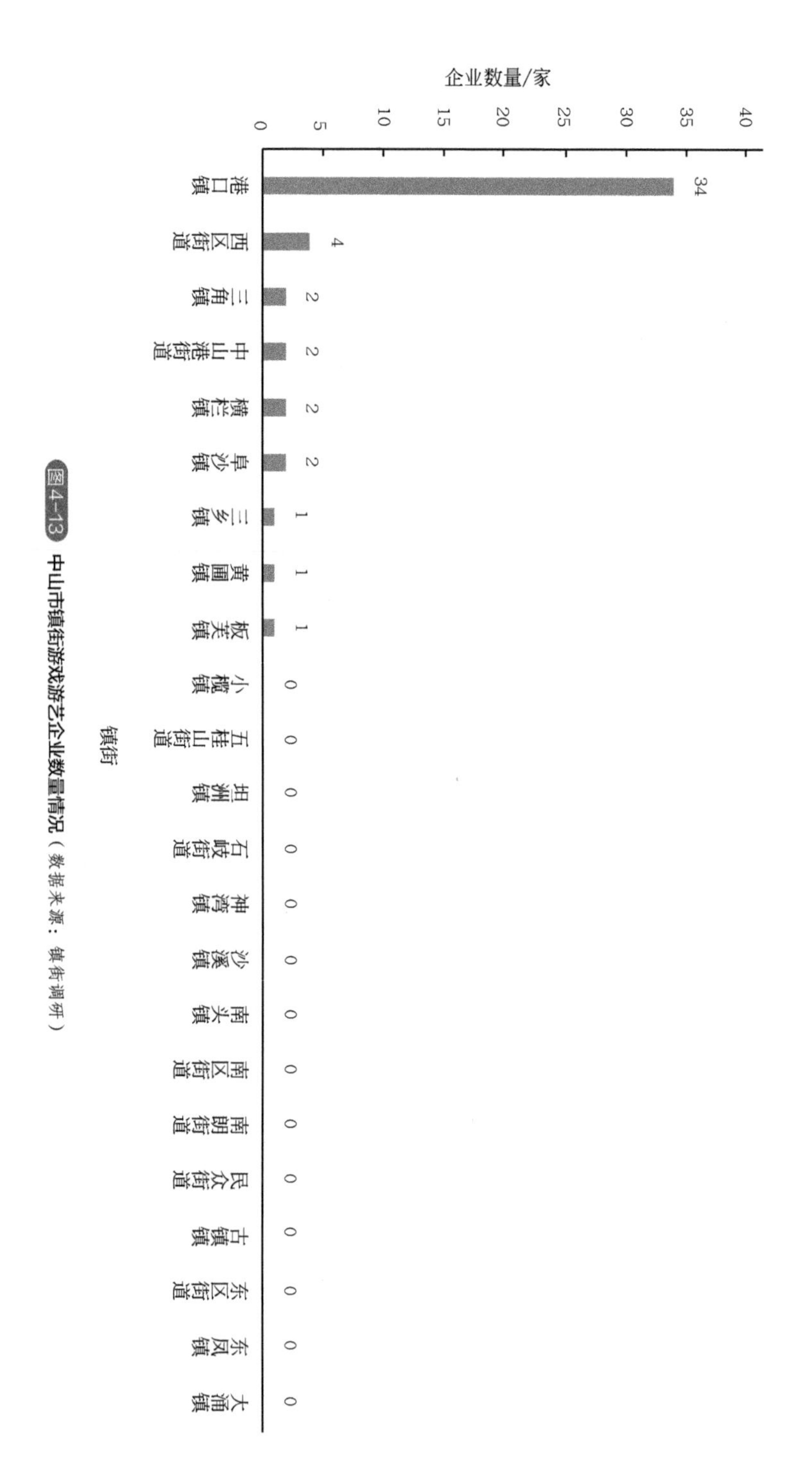

图4-13 中山市镇街游戏游艺企业数量情况（数据来源：镇街调研）

图4-14 中山市游戏游艺企业分布示意图（数据来源：镇街调研）

游戏游艺制品主要典型生产工艺流程如图4-15所示。

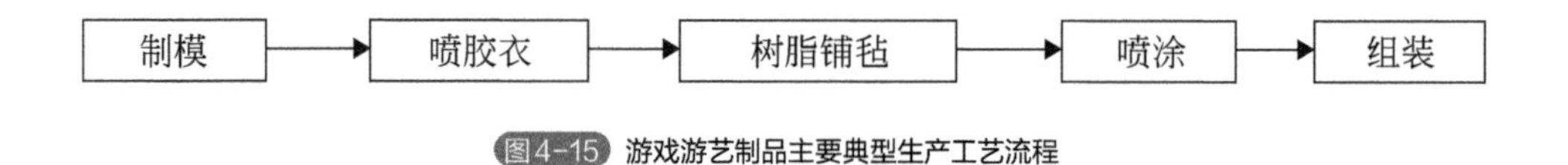

图4-15 游戏游艺制品主要典型生产工艺流程

游戏游艺制品主要生产工序为制模、喷胶衣、树脂铺毡、喷涂。选取污染较重的喷胶衣、树脂铺毡、喷涂工序进行环保共性聚集。

（6）塑料制品业

塑料制品业是中山市传统、特色产业之一。1999年起，民营和外资塑料制品企业发展迅速，加之古镇灯饰、火炬高技术产业开发区包装印刷等产业集群的形成，扩大了对塑料制品的市场需求。

火炬高技术产业开发区、小榄等镇街产生一批销售产值过亿元的塑料制品企业，如保时利塑胶实业有限公司、永宁包装薄膜制品有限公司、展新塑料制品有限公司、环亚塑料包装有限公司等。主要产品有PVC吹制品、BOPP薄膜、PVC胶布、日用塑料制品、塑料件、泡沫塑料、喷雾泵等。

根据镇街调研结果，中山市塑料制品企业共2875家（图4-16），其中塑料制品企业300家以上的镇街有东凤镇602家（20.94%）、小榄镇408家（14.19%）、三乡镇398家（13.84%），三个镇街企业数量占全市总量48%（图4-17，书后另见附图）。因此，在东凤镇、小榄镇、三乡镇规划塑料制品产业的环保共性产业园。

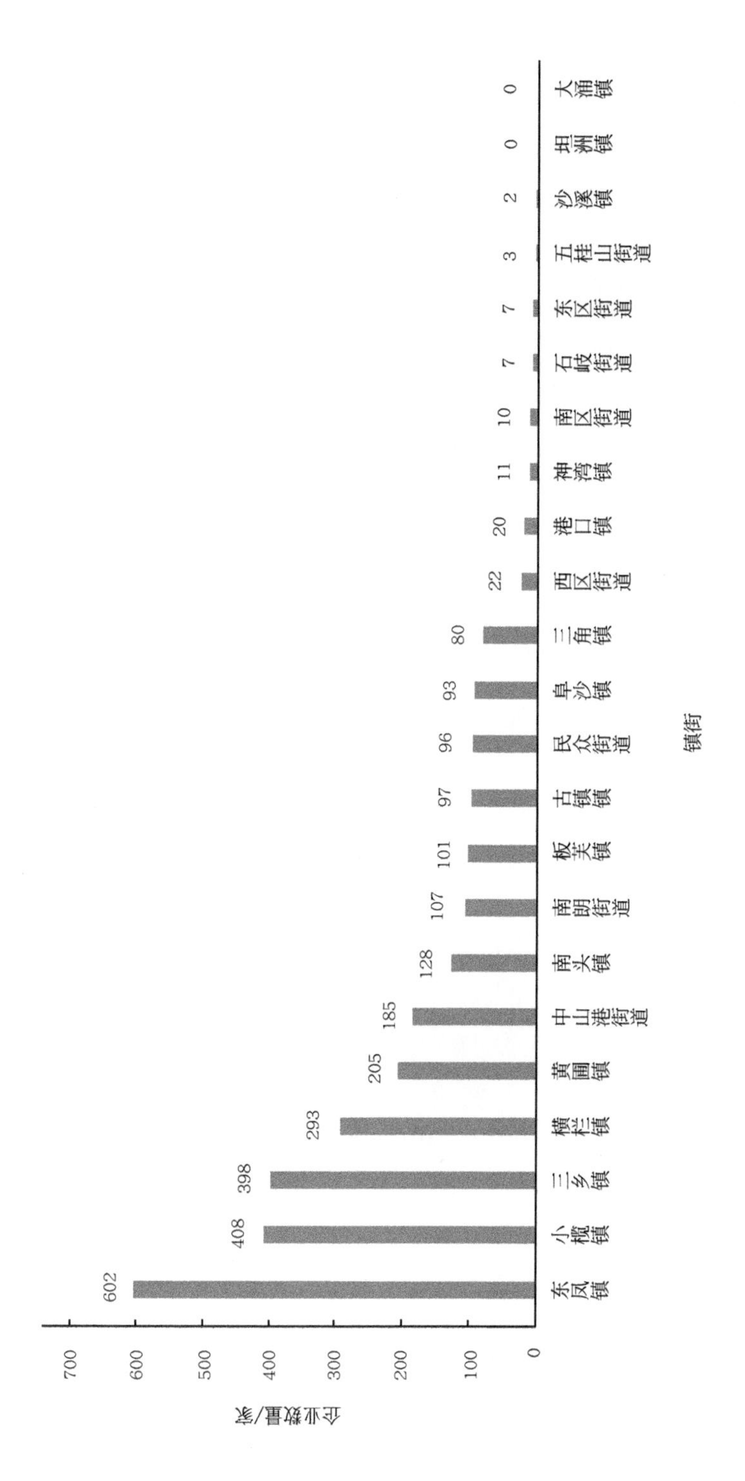

图4-16 中山市镇街塑料制品企业数量情况（数据来源：镇街调研）

图4-17 中山市塑料制品企业分布示意图（数据来源：镇街调研）

塑料制品主要分为塑料配件制品和泡沫塑料包装制品，主要典型生产工艺流程如图4-18所示。

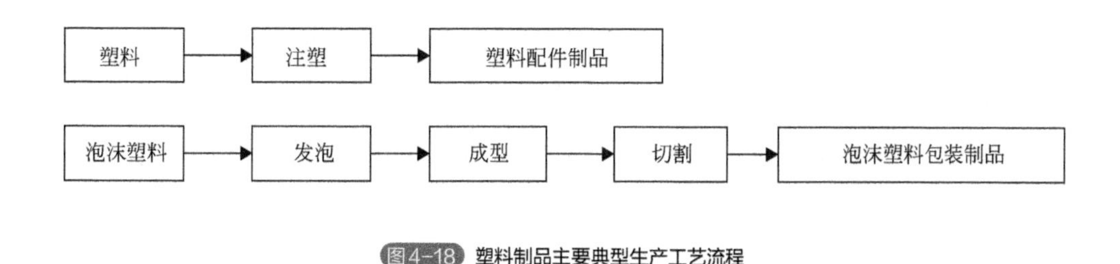

图4-18 塑料制品主要典型生产工艺流程

塑料配件制品主要生产工序为注塑；泡沫塑料包装制品主要生产工序为发泡、成型、切割。

选取污染较重的注塑、发泡工序进行环保共性聚集。

4.2.3 第三产业

中山市第三产业主要为汽车钣金喷涂。

中山市现有登记或备案的汽修企业总数约3450家。其中，从事汽车大修、总成修理、汽车维护、小修和专项修理的一类汽修企业约45家；从事汽车一级、二级维护和小修的二类汽修企业约837家；专门从事汽车专项修理和维护的三类汽修企业约2568家。总体而言，全市的汽修企业以三类汽修企业为主。

汽修企业特别是三类汽修企业流动较强，且呈现聚集趋势，经济较好的辖区容易出现集聚的情况，与辖区的GDP和工业企业数量等经济因素呈正相关。因此，中山市小榄镇、火炬开发区、东区街道、西区街道、横栏镇、古镇镇等镇街的汽修企业数量较多。而神湾镇、五桂山街道等这些工业企业较少的镇街，汽修企业数量相对较少。

汽车喷涂行业中拟集中共性产污工序为喷涂，主要污染物为挥发性有机化合物。目前中山市共有带汽车喷漆服务的汽修店342家（图4-19），其中主要分布于小榄镇（28.36%）、横栏镇（7.89%）、沙溪镇（6.73%）和坦洲镇（6.14%），四个镇街的占比约为全市1/2（图4-20，书后另见附图）。结合实际情况，亟需在小榄镇、中山港街道、南区街道和坦洲镇规划、布设四个汽修环保共性产业园。

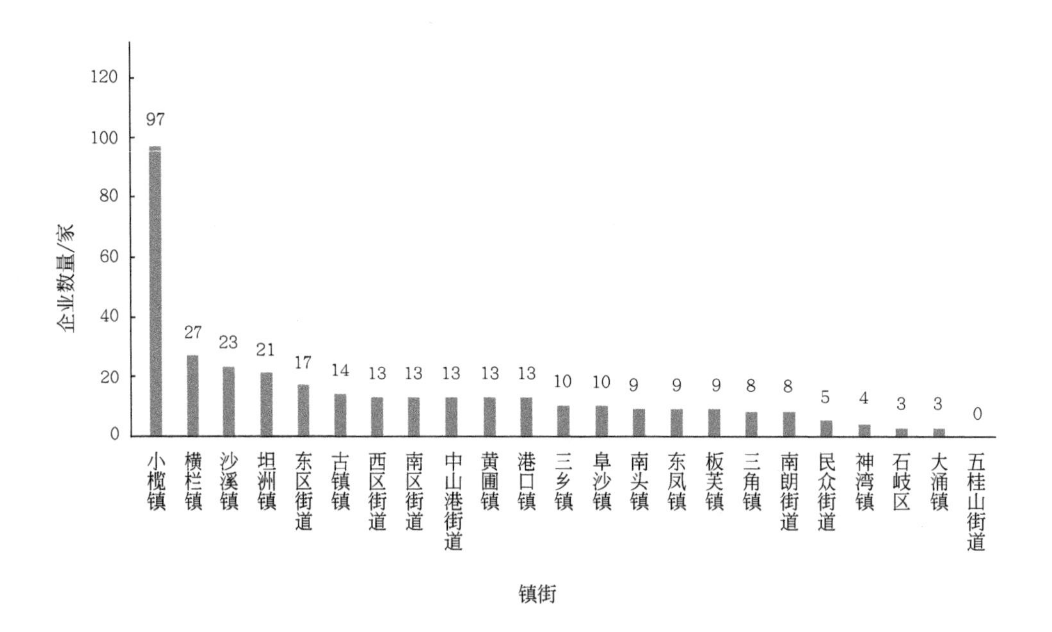

图4-19 中山市镇街汽修喷涂企业数量情况

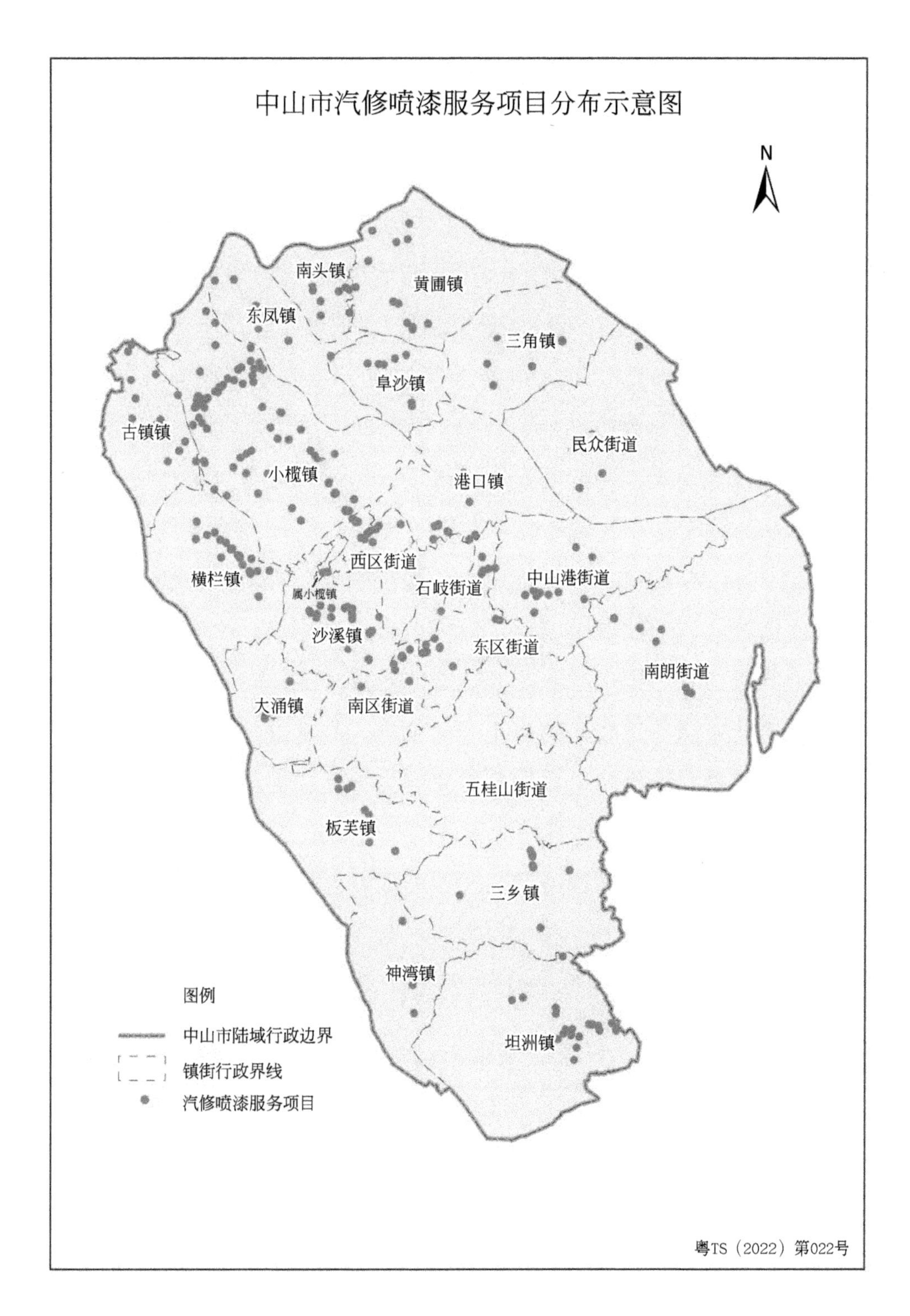

图4-20 中山市汽修喷涂企业分布示意图

4.3 村镇工业集聚区升级改造

村镇工业集聚区升级改造是国家低效用地再开发和广东省“三旧改造”政策的要求，也是符合中山市本地实际的要求。

2020年12月，中山市出台《中山市城市更新管理办法》及相关细则，强调应从更高层面、更大格局统筹城市更新工作。

2021年1月29日，中山市委十四届十一次全会指出，中山要加快破解“地从哪里来”，完善土地储备政策体系和激励机制，推动土地规模和指标向重大产业平台、优质项目倾斜。健全“增存挂钩”机制，加快处置闲置、低效土地，盘活“批而未供”“供而未用”土地。

2022年，中山市打响土地瓶颈全面攻坚战，推动村镇低效工业集聚区改造升级。通过城市更新，优化城市发展格局，引导传统产业集群转型升级，有序推动产业空心化地区连片改造。对于现状产业基础雄厚、产业发展前景较好的传统产业集群，注重维护产业生态链，避免进行大规模拆除重建造成产业转移流失。适当提供一定自主改造空间，提高土地利用率，促进产业集群的有机渐进升级。

目前中山市正全面推进低效工业园区升级改造，部分园区已陆续开始集中拆除（表4-2）。在加快推进低效工业用地改造的同时，腾出空间，引进重大项目，推动制造业高质量发展。

表4-2　中山市15个千亩产业园（最低效工业园区）升级改造情况

序号	镇街	园区名称	发展定位 / 产业
1	西区街道	沙朗西连片改造工业园	重点培育新能源汽车关键零部件、智能家居制造相关产业，创新发展北斗应用、工业智能软件、工业智能网联技术等数字经济新兴产业，打造技术一流的高端装备产业集群

续　表

序号	镇街	园区名称	发展定位 / 产业
2	南区街道	恒美园山仔白石环、城南四路东侧工业区	沿着城南四路重新整合布局工业用地，“腾笼换鸟”引入科创产业、智能装备制造业等，打造中山科技创新园的产业配套协作区
3	小榄镇	永宁社区永宁工业大道片区	智能制造
4	小榄镇	联丰社区聚新路片区	依托现有的五金制造、智能门锁、家居制造，重点布局智能家居及五金制造产业
5	黄圃镇	大岑村级工业园（首期）	重点发展智能家电、高端装备制造等先进制造业、新一代信息技术产业、检验检测等现代服务业，引进技术含量高的家电、绿色家居产业，引进数字化、智能化的集成电路软硬件、机器人及其智能制造装备，打造“百亿智能家居制造基地”
6	东凤镇	同乐工业园	小家电产业
7	古镇镇	曹步片区	对标国内一流产业园、打造一专多能的智造园区
8	坦洲镇	坦洲镇工业集聚区	目标定位国内一流先进智能制造产业园、粤港澳大湾区智能精密制造示范园区、高新技术成果转化高地。围绕智能制造装备行业（如数控机床、机器人、3D 打印装备、智能仪器仪表等），塑造“链核”龙头企业，打造产业虹吸高地，进行产业链延伸拓展，吸引上游核心零部件产业
9	港口镇	石特工业区	展示、家具
10	横栏镇	横栏镇三沙一二队工业区	智能制造
11	南头镇	智慧城片区	以南头智慧城为核心，联动周边重点工业厂房改造，打造数字科技产业园等先进产业集群

续 表

序号	镇街	园区名称	发展定位 / 产业
12	三乡镇	三乡镇古鹤、新圩（金湾片区）	中医药产业园
13	板芙镇	金钟村工业园	作为智装园上下游产业配套，围绕光电装备、智能数控、新材料等领域强链补
14	大涌镇	华星侨发连片改造片区	红木、洗水
15	神湾镇	南沙村镇工业集聚区	重点承接高端装备制造业、电子信息产业

对产业污染较重的园区，低效工业园区升级改造必须考虑建设环保共性产业园。西区街道沙朗西连片改造工业园中的汽车零部件制造，小榄镇联丰社区聚新路片区的五金制造，东凤镇同乐工业园的小家电，港口镇石特工业区的展示、家具，大涌镇华星侨发连片改造片区的红木、洗水等，都应该配套建设环保共性产业园。

4.4 中山市园区发展存在的问题

开放改革以来，中山市园区得到快速发展，但存在突出的生态环境和社会问题。

中山市内工业园区（集聚区）繁多，但整体规划明显滞后。园区基本由镇街自行主导，导致工业园区无序发展。在实际建设过程中，许多园区缺乏对规划的敬畏，导致园区产业分布混乱，“小、散、乱、污”现象比较突出。

相当部分工业园区（集聚区）产业定位混乱，随意变更。加之园区企业以微小型企业为主，片面追求投入产出比，造成严重环境污染现象。

随着工业化和城镇化进程，中山市土地资源的稀缺性日益突出，供需矛盾突显。“土地问题”成为制约中山经济发展、工业化推进、产业转型升级面临的重大挑战。破解土地、环保与发展之间的矛盾成了当前紧迫的任务。

4.5 中山市产业发展规划

4.5.1 市内产业发展规划

4.5.1.1 优势传统产业转型升级

优势传统产业转型升级的重要性不言而喻。中共中山市委、市政府制定了《中山市优势传统产业转型升级行动计划（2018—2022年）》，推动企业开展数字化、网络化、智能化和绿色化技术改造，培育新的发展动能，加快推进优势传统产业优化升级。

（1）推动产业结构持续优化

重点改造提升家电、电子信息、五金、机械、灯饰、服装、家具、食品、游戏游艺等传统产业，加大对玻璃、化工、造纸、石材、有色金属等产业的转型升级和“腾笼换鸟”，淘汰高污染、高耗能、高排放、低产出行业产能，实现产业结构逐步优化升级。

（2）提升技术创新能力

着力推动企业广泛开展以扩产增效、智能化改造、设备更新和绿色发展为主要方向的技术提升，促进优势传统产业在核心技术产业化、智能制造、绿色低碳发展、信息技术应用、品质提升等主要环节实现升级突破。加快建设全生命周期公共技术服务平台体系，大力推动企业上平台用平台。

（3）创新产业组织形式

坚持“抓大不放小”，着力激发企业活力。深入发展总部经济，推进企业以自我为主的兼并重组，打造龙头骨干企业。促进企业上市上板，借助资本市场，壮大规模，增强实力。引导中小微企业加快专业化、精细化、特色化、创新化发展，努力促进小微企业上规模、中型企业上档次，大中小微企业形成分工合作和协同创新融合发展格局。

（4）促进集群发展升级

实施集群发展关键核心技术攻坚，增强集群经济引领发展能力。大力实施质量强市和品牌带动战略，推动产业集群从制造为主向研发、制造、营销一体化发展转变，从贴牌生产向品牌化经营转变。大力推动“互联网+产业集群”，搭建集研究开发、设计生产、线下体验线上销售、旅游文化购物中心于一体的产业集群O2O全产业链电子商务平台。

4.5.1.2 十大主题产业园

中山市在全市统筹布局了十大跨镇街的主题产业园。按照土地可利用可连片的原则，结合中山市现有产业布局、区域禀赋优势及各镇街工改片区范围，开展布局。

十个主题产业园包括智能家电产业园、智能制造产业园、研发与高端制造产业园、清洁能源与智能装备产业园、半导体产业园、新材料（原料药及化工）产业园、光电与智能终端产业园、健康医药产业园、科创与总部经济产业园和中山市经济技术开发区（高端显示产业园）。总规划面积27.53万亩，其中现状已建用地14.18万亩，现状工业用地9.43万亩，近期可利用土地面积1.70万亩，可工改土地面积6.73万亩（现状建筑以一层厂房为主的面积达3.10万亩）。除半导体产业园、中山市经济技术开发区（高端显示产业园）外，其余主题产业园占地面积均超万亩。

其中，智能家电、研发与高端制造、清洁能源与智能装备、新材料（原料药及化工）、光电与智能终端、科创与总部经济和健康医药七个主题产业园位于中山大型产业集聚区规划范围内，是大型产业集聚区“两核两带多园区”产业空间发展格局的重要支撑。

打造现代主题产业园是推动产业优化升级的重要抓手，需要将大型产业集聚区建设与村镇低效工业园改造升级充分衔接，利用盘活土地空间。

4.5.1.3 “4+6+4”产业集群

中山市是全国制造业一线城市，未来需要巩固制造业一线城市的地位。通过重点培育“4+6+4”产业集群来响应广东省战略性产业集群培育战略，按照壮大主导产业、巩固优势产业、培育新兴产业的思路，建设具有全球竞争力的先进制造业产业集群。

实施“4+6+4”产业集群战略具体包括做大做强智能家居、电子信息、装备制造、健康医药四大战略性支柱产业集群，支撑全市制造业结构战略性调整（图4-21）。培育壮大半导体及集成电路、激光与增材制造、新能源、智能机器人、精密仪器设备、数字创意六大战略性新兴产业集群，建设一批战略性新兴产业示范区和未来产业先导区。其中，着力推进海上风电机组研发中心建设，打造千亿级海上风电产业龙头企业，积极布局氢能产业。做优做强纺织服装、光电、美妆、板式家具四大特色优势产业集群，推动传统优势产业转型升级。

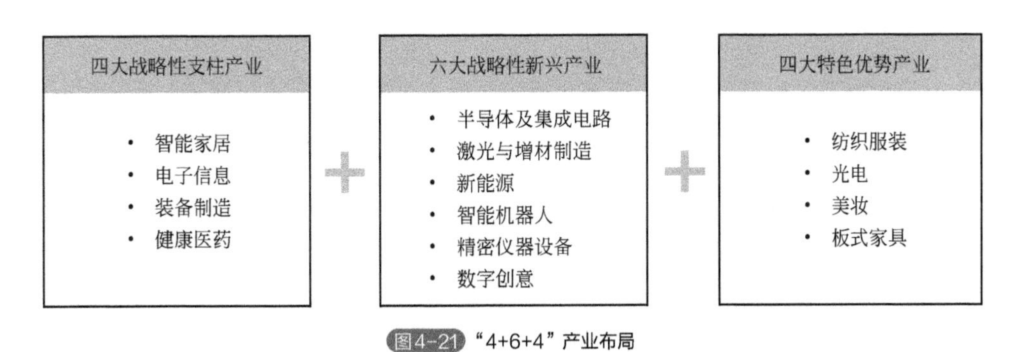

图4-21 “4+6+4”产业布局

这需要加强和创新产业集群治理，构建开放协同的集群发展公共服务体系。

4.5.2 衔接粤港澳大湾区规划

建设“珠江口东西两岸融合互动发展改革创新实验区”是中山市衔接粤港澳大湾区规划发展的最新指南，也是中共广东省委贯彻落实习近平总书记关于加快珠江口东西两岸融合互动发展重要指示精神的具体举措和战略决定。它要求立足新发展阶段，完整、准确、全面贯彻新发展理念，构建新发展格局，把握深中通道重要利好，在破解土地碎片化、投资项目审批、科技创新、推进粤港澳台侨合作等方面探索创新，加强与深圳前海、广州南沙、东莞滨海湾新区等重大平台联动发展，推动珠江口东西两岸融合互动发展，把中山市建设成为珠江口东西两岸融合发展支撑点、沿海经济带枢纽城市、粤港澳大湾区重要一极，打造粤港澳大湾区精品城市。

产业发展无疑是中山市建设“珠江口东西两岸融合互动发展改革创新实验区”的核心内容。

4.5.2.1 加快发展先进制造业

增强制造业核心竞争力，推动互联网、大数据、人工智能和实体经济深度融合，通过推动传统制造业转型升级和优化发展，促进产业链上下游深度合作。

4.5.2.2 优化制造业布局

发挥中山市产业链齐全的优势，加强大湾区产业对接，提高协作水平。在粤港澳大湾区推动以珠海市、佛山市为龙头建设珠江西岸先进装备制造产业带，以深圳市、东莞市为核心在珠江东岸打造具有全球影响力和竞争力的电子信息等世界级先进制造业产业集群。

4.5.2.3 加快制造业结构调整

推动制造业智能化发展，以机器人及其关键零部件、高速高精加工装备和智能成套装备为重点，大力发展智能制造装备和产品，培育一批具有系统集成能力、智能装备开发能力和关键部件研发生产能力的智能制造骨干企业。支持中山市内装备制造、家用电器、电子信息等优势产业做强做精，推动制造业从加工生产环节向研发、设计、品牌、营销、再制造等环节延伸。加快制造业绿色改造升级，重点推进传统制造业绿色改造、开发绿色产品，打造绿色供应链。大力发展再制造产业。

5.

中山市环保共性产业园规划背景

- 研究背景
- 基本思路
- 规划建设环保共性产业园的重要性

5.1 研究背景

与大湾区大部分城市一样，自改革开放以来，中山市依靠制造业迅速崛起，并逐渐形成以传统专业镇为主的发展模式，中小企业成为中山市发展的中坚力量。但随着发展的深入，生产要素的简单堆叠产生的效益逐渐递减，产品附加值越来越低，传统行业发展也带来了越来越明显的污染及管理问题，如缺乏规划、盲目发展、监管力量不足、末端治理效率低等。

2016年，中山市实行环保准入负面清单制度，对于污染较重的行业集中划定发展基地或集聚区，实行集聚发展、集中治污，“共性工厂”的模式也应运而生。2017年，《中山市固定源挥发性有机物综合整治行动计划（2017—2020）》将推进“共性工厂”的建设作为中山市挥发时有机化合物（VOCs）污染防治的重要举措，建立集中喷涂点。但传统行业发展带来的污染及管理顽疾依然大量存在，严重影响全市的经济社会高质量发展和生态文明建设。

面对发展的困局，《中山市国民经济和社会发展第十四个五年规划和2035年远景目标纲要》（中府〔2021〕53号）中提出要实施镇村低效工业园改造工程，强力推动低效工业厂房连片改造升级。2022年中山市第十六届人民代表大会第一次会议第二次全体会议通过《中山市第十六届人民代表大会关于开展中山市村镇低效工业园改造升级的决定》，要求淘汰落后产能，推动传统优势产业转型升级，引进一批优质企业，打造一批万亩千亩现代主题产业园；工业用地空间不断拓展，产业集聚效应进一步显现，产业发展质量和效益显著提高，生态环境、城镇形态进一步优化、美化。

2022年，广东省委全面深化改革委员会部署中山建设广东省珠江口东西两岸融合互动发展改革创新实验区，要求中山市委、市政府要把实验区建设作为全面深化改革推动高质量发展的首要任务和系统集成工程，继续发扬敢闯敢试、敢为人先的改革精神，大胆试、大胆闯、自主改，以创造型、引领型改革牵引推动实验区建设不断取得新突破。实验区要求立足新发展阶段，全面贯彻新发展理念，在破解土地碎片化、投资项目审批、科技创新等方面探索创新，打造粤港澳大湾区精品城市。

2022年10月16日，习近平总书记在党的二十大报告中提出："尊重自然、顺应自然、保护自然，是全面建设社会主义现代化国家的内在要求。必须牢固树立和践行绿水青山就是金山银山的理念，站在人与自然和谐共生的高度谋划发展。我们要推进美丽中国建设，坚持山水林田湖草沙一体化保护和系统治理，统筹产业结构调整、污染治理、生态保护、应对气候变化，协同推进降碳、减污、扩绿、增长，推进生态优先、节约集约、绿色低碳发展。"因此，中山市必须把生态环境保护工作推上新高度。

在上述背景下，规划建设环保共性产业园具有特别的意义。低效工业园区升级改造的推进，珠江口东西两岸融合互动发展改革创新实验区的建设，对经济发展与生态环境保护协调提出了更高的要求。人们期望，通过建设"环保共性产业园"，从源头补齐完善规划，优化空间布局，形成聚集发展，加快产业转型升级。借助集中治污，减少污染源数量、缩小分布范围，从而扭转监管执法力量不足的困境。通过高标准设计、高质量建设、高水平运维环保配套设施，实现集中治污，解决单个企业环保设施投入不足、治理效率低下等末端处理问题。

中山市正紧锣密鼓地开展低效产业园改造，有效整合土地资源，为发展腾出空间，推动产业升级，实现经济、社会、环境的共赢。这与环保共性产业园的理念不谋而合。

然而在环保共性产业园的规划以及推进过程中存在巨大的挑战：

① 要解决中山市现有的土地历史遗留问题。中山市经济发展一直受限于土地碎片化、私有化的问题，要实现真正的集约化发展，则需要连片的土地，但目前大量的土地并非掌握在政府手中。要盘活土地资源，做好土地利用的“一盘棋”统筹，是环保共性产业园规划的一大考验。

② 要为传统产业结构调整注入新的动力。传统产业不可否认是中山市发展的绝对根基，如何利用环保共性产业园规划推动传统产能进行绿色转型升级，培育新发展业态是环保共性产业园规划需要回答的问题之一。

③ 要进一步加强对发展要素的吸引力。环保共性产业园的最终形态是实现利用其成本和技术优势，整合分散在产业上下游的各种资源，形成强大的辐射力。要避免换个形式走发展的旧路，沦为简单的要素资源流动的中转站。

5.2 基本思路

（1）做好顶层设计，科学引导建设

环保共性产业园规划以“解决污染存量、减少排放总量、改善环境质量”为出发点，统筹全市环保共性产业园工作的开展，形成指导环保共性产业园规划建设工作的规划文件，规范环保共性产业园的建设工作，包括指标体系、准入条件、基础设施建设、管理要求、建设流程等，引导各镇街政府合理开展建设工作。

（2）因地制宜布局，创新发展模式

以环保共性产业园建设为抓手，促进传统产业优化升级，推进各镇街结合产业基础及发展需求因地制宜地进行合理布局，协调发展，不断总结经验，助推中山市经济高质量发展、生态环境高水平保护，营造共建、共治、共享社会治理格局。

（3）优化管理手段，提高监管效率

探索智能、高效、集约的新型产业管理模式，从源头破解传统产业园“生产低效率、能源高消耗、环境高污染”的困局，解决辖区“散、乱、污、违”问题以及中小微企业污染治理问题，降低城市治污成本。

（4）优化布局，集中资源

科学谋划布局，加强政策规划的引导作用，推动优势产业集中发展，优化产业结构。强化资源集约利用，提高土地、水、能源利用效率，统筹配套环保共性产业园环保公共基础设施、污染防治设施的建设。

（5）因地制宜，突出特色

结合区位优势、产业现状和市场需求，明确发展定位，打造各具明显特色的产业发展区域，避免区域因同质化导致的行业恶性竞争，推动形成错位发展、互补发展的良性格局。

（6）严控准入，持续发展

按照生态文明建设的要求，遵循绿色低碳循环高质量发展理念，统筹考虑资源和环境承载能力，严格项目准入，确保污染物达标排放、资源科学配置。引入智慧化环境管理技术，推进资源循环利用，实现经济效益、生态效益、社会效益全面可持续发展。

5.3 规划建设环保共性产业园的重要性

（1）对粤港澳大湾区低效园区改造和传统制造业绿色升级转型的重要性

中山市属于制造业大市，在粤港澳大湾区中有相当的代表性。大湾区多数地市传统制造业体量大，存在低效园区和制造业转型困难的问题。

针对低效园区的绿色升级改造问题，环保共性产业园提出了以集中共享治污设施作为主要抓手的解决方案。通过共性、共享、共生、共赢式的发展模式，全面凝聚产业共性，发挥集中共享的优势，解决企业生产面临的环保压力。同时，通过产业链供应关系和能量流、物质流分析，科学打造产业循环共生发展的产业生态圈，助力园区企业与周边上下游企业的合作共赢式发展。环保共性产业园对于地区产业链具有重要的补充和强化作用，是产业链补链和强链的助推器。通过为本地优势传统产业提供配套服务，吸引产业链上下游企业在周边的分布发展，既保证了本地优势企业的良性发展，又通过环保共性产业园的建设及准入，确保引入企业符合绿色环保的要求，形成绿色良性的产业生态圈。

（2）对建设珠江口东西两岸融合互动发展改革创新实验区的重要性

建设珠江口东西两岸融合互动发展改革创新实验区是中山市面临的重大发展机遇，也是中山市承担的历史重任。深中通道、深江铁路等跨江跨海交通枢纽的建成，将有效承接来自东岸地区的产业外溢，加快向高端装备制造产业、新一代信息技术产业、生物医药与健康产业、高端现代服务业等领域迈进，打造高品质现代化工业载体和高科技产业发展空间，培育大湾区新的经济增长极。

在承接东岸地区的产业转移和发展高端制造业的过程中，不可避免地会面临环保指标方面的要求以及上游产业链的产业配套问题，必须直面随产业生产所带来的环境污染治理问题。环保共性产业园发展模式，将对拓宽珠江口东西两岸融合互动发展改革创新实验区的产业高质量发展思路，引导传统制造业向高端化、智能化、生态化转型升级起到关键作用。它可有效避免上游产业因生态环境治理问题导致产业链缺失无法为下游高端制造业提供配套服务的现象发生。同时，通过环保共性产业园建设，辖区内中小微企业的“散、乱、污、违”问题、产业园区内的环境污染问题和土地瓶颈问题将得到有效解决，节省出来的土地指标和环境指标可承接更多的高品质现代化工业和高科技产业，进一步促进珠中江地区的高质量发展。

（3）对提升中山市在珠中江地区地位的重要性

珠中江地区的三个城市间的发展具备共性特征，都是立足于制造业，带动其他产业的发展。而在制造业升级转型和高质量发展这个命题上，当前中山市的“工改”攻坚战以及环保共性产业园发展模式，是拓展高质量发展产业空间，提升产业附加值，同时保障区域生态环境质量的有效方案。通过推广和复制环保共性产业园发展模式，可提升中山市在珠中江地区的产业园区绿色转型发展方面的带动作用，同时强化珠中江城市间的产业要素流动和互补，带动整个珠中江城市群的发展活力，打破现有制造业高污染的发展态势，共同维护珠中江地区经济与生态环境的协调发展。

6. 中山市环保共性产业园规划的指导思想及目标

- 指导思想
- 总体目标
- 构建指标体系

6.1 指导思想

以习近平新时代中国特色社会主义思想和习近平生态文明思想为指导，准确把握新发展阶段，全面贯彻新发展理念，加快融入新发展格局，紧抓粤港澳大湾区、深圳建设中国特色社会主义先行示范区、中山市建设珠江口东西两岸融合互动发展改革创新实验区等重大历史机遇，围绕中山市产业转型升级、提质增效，以共性集聚、布局优化、绿色低碳为导向，以解决污染存量、减少排污总量、改善环境质量为关键，中山市全市规划布局环保共性产业园，在产业定位、公共配套设施、环保管理上提出顶层设计要求，为中山市打造湾区经济发展新增长极和高质量发展提供重要支撑。

6.2 总体目标

（1）近期目标

到2025年，环保共性产业园建设相关指引、标准、模式逐步完善，政策支撑体系基本形成。按照高标准设计、高质量建设、高水平运维要求，环保共性产业园、共性工厂近期重点项目基本建成，有效解决市内“散、乱、污、违”以及中小微企业污染治理问题，实现平台高端化、布局合理化、总量集约化、治污集中化。多个高水平环保共性产业园已建成运行，成为全省乃至全国环保共性产业园示范标杆。

(2)中期目标

到2030年，符合中山市产业生态的环保共性产业园群基本形成，成为中山市经济高质量发展的重要支撑平台，环保共性产业园与产业链融合共生，形成绿色良性产业生态圈，中山市环保共性产业园群成为全省乃至全国标杆。

(3)远期目标

到2035年，共性、共享、共生、共赢的绿色标杆智慧环保共性产业园群已趋于成熟，环保共性产业园在创新动力、平台模式建设、环境保护力度方面展现更高水平，实现政府、镇街、企业、居民、环境多方共赢，产城融合，成为美丽中山新的城市名片。

6.3 构建指标体系

本指标体系仅针对第二产业和第三产业汽车绿岛、固废处置类环保共性产业园（表6-1）。

表6-1 环保共性产业园核心区评价指标

一级指标	二级指标		要求
生产工艺及设备要求	1	清洁生产水平	国内先进水平
资源能源利用	2	中水回用	≥60%(电镀、洗水行业)
环境保护指标	3	VOCs 收集率	原则上≥90%
	4	VOCs 去除率	原则上≥90%
	5	废水处理率	100%
	6	工业危险废物利用处置率	100%
	7	一般工业固废综合利用处置率	100%
	8	污染源稳定排放达标情况	达标

续 表

一级指标	二级指标		要求
环境保护指标	9	产业园区内企事业单位发生特别重大、重大突发环境事件数量	0
	10	环境管理能力完善度①	100%
	11	产业园区环境风险防控体系建设完善度②	100%
公服配套指标	12	污水集中处理设施	具备③
	13	废气集中处理设施	具备
	14	危险化学品集中贮存场所	具备
	15	一般工业固体废物集中贮存处置场所	具备
	16	危险废物集中贮存场所④	具备
信息公开	17	重点企业⑤环境信息公开率	100%
	18	环境信息公开平台⑥	具备
	19	生态环境保护主题宣传活动	≥ 2 次 / 年

① 环境管理能力完善度包含 4 项内容，每一项具备完善度为 25%，4 项均达到则完善度为 100%，分别为：

a. 园区设有管理机构；b. 园区管理机构设立环境管理部门，统筹园区环境保护工作；c. 将入园企业环境保护工作纳入企业准入考核内容，并建立相应考核机制；d. 具备专人负责环保共性产业园建设工作。

② 产业园区环境风险防控体系建设完善度包含 4 项内容，每一项具备完善度为 25%，4 项均达到则完善度为 100%，分别为园区管理机构应：

a. 开展园区环境风险评估；b. 编制较完善的园区环境风险应急预案；c. 整合园区应急资源，建立综合性或者专业性环境应急救援队伍，储备必要的环境应急物资和装备；d. 组织对环境应急预案进行专项培训，定期组织开展应急演练。

③ 对于金属表面处理、洗水、印染等废水型环保共性产业园应全部配套建设污水集中处理设施。对于金属表面处理、洗水、印染等行业之外的环保共性产业园产生的零星废水，若废水量合计≥ 200t/d，应当配套建设污水集中处理设施；若废水量合计＜ 200t/d，可配套建设污水集中处理设施，或由园区集中收集后统一转移到有相应处理能力的单位处理。

④ 产业园应统一按照《危险废物贮存污染控制标准》（GB 18597—2001）及 2013 年修改单设置危险废物集中贮存场所。

⑤ 重点企业是指《企业环境信息依法披露管理办法》中规定的披露主体企业。

⑥ 环境信息公开平台是指依托互联网技术用于发布园区环境信息的平台，发布园区污染物排放状况、环境基础设施建设和运行情况、环境风险防控措施落实情况等。

7.

中山市环保共性产业园布局及准入

- 环保共性产业园功能分区
- 总体空间布局方案
- 环保共性产业园准入条件
- 风险分析
- 经济性分析

7.1 环保共性产业园功能分区

环保共性产业园空间布局推荐采取“核心区-缓冲区-拓展区-辐射区”方式（图7-1）。

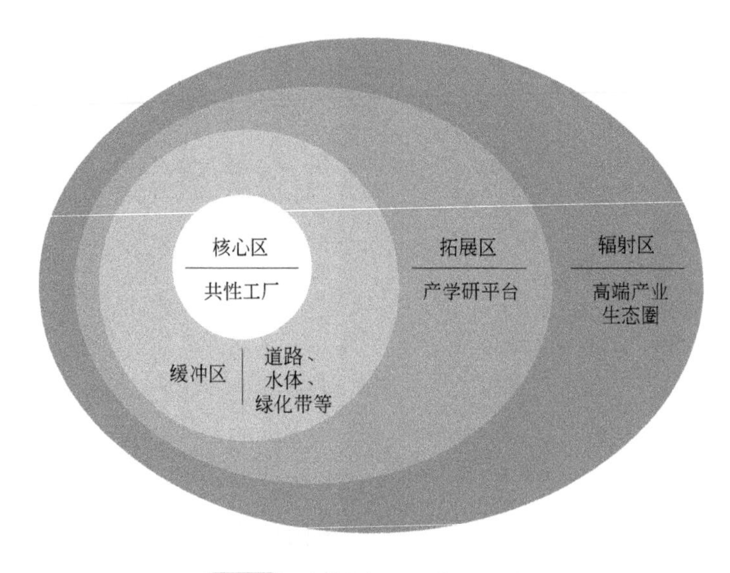

图7-1 环保共性产业园功能分区示意

① 核心区由单个或多个共性工厂组成，集聚污染较重的工序，实施集中治污。缓冲区通过道路、绿化带、水体等进行隔离，减少对外围的影响。

② 拓展区设置绿色低排放或超低排放高端生产区、综合办公区和搭建相关研发机构、高校人才站的产学研平台。

③ 辐射区辐射影响产业链上下游企业在园区外围分布发展，与环保共性产业园产业链融合共生，最终实现产业向高端化聚集发展，形

成绿色良性产业生态圈。

各个环保共性产业园应结合所在区域环境敏感特征、产业发展特点，划定园区内部功能分区，科学布局核心区，远离居住区。

7.2 总体空间布局方案

按照组团发展的战略，构建四大组团环保共性产业园空间格局。

四大组团分别为中心组团、西部组团、南部组团与北部组团。其中，中心组团包括石岐街道、东区街道、西区街道、南区街道、五桂山街道、港口镇、中山港街道、民众街道、南朗街道；西部组团包括小榄镇、古镇镇、横栏镇、大涌镇、沙溪镇；北部组团包括黄圃镇、三角镇、南头镇、东凤镇、阜沙镇；南部组团包括坦洲镇、三乡镇、板芙镇、神湾镇。

7.2.1 第一产业环保共性产业园

要积极推进农业“绿岛”项目，建设相对集中的水产养殖尾水净化设施，推动水产养殖尾水达标排放或循环利用，加快水产养殖绿色发展，促进产业转型升级。结合镇街养殖鱼塘规模，优先对池塘养殖面积1000亩以上的镇街布局农业“绿岛”项目，1000亩以下镇街自行结合实际情况，鼓励建设农业“绿岛”项目。

（1）中心组团

中心组团养殖尾水整治面积约17938亩，其中西区街道整治面积700亩、南朗街道整治面积10020亩、民众街道整治面积3609亩、港口镇整治面积3609亩。加快西区稻香围集中连片内陆养殖池塘改造升级与尾水处理项目建设进程，建设覆盖684亩的集中连片养殖池塘标准化改造和尾水治理示范基地。

（2）西部组团

西部组团养殖尾水整治面积约10539亩，其中小榄镇整治面积3500亩、古镇镇整治面积1500亩、横栏镇整治面积2500亩、大涌镇整治面积1000亩、沙溪镇整治面积2039亩。

（3）北部组团

北部组团养殖尾水整治面积约23500亩，其中黄圃镇整治面积3500亩、三角镇整治面积15000亩、东凤镇整治面积2000亩、阜沙镇整治面积3000亩。

（4）南部组团

南部组团养殖尾水整治面积约14805亩，其中坦洲镇整治面积4375亩、三乡镇整治面积1000亩、板芙镇整治面积7430亩、神湾镇整治面积2000亩。

7.2.2 第二产业环保共性产业园

主要筛选出家电、灯饰、家具、游戏游艺、塑料制品、金属制品等传统优势产业进行共性规划，将家电、灯饰、家具、游戏游艺、塑料制品、金属制品等生产过程产污较大的表面处理、喷涂、发泡等典型工艺进行共性聚集，促进传统产业转型升级。

（1）中心组团

1）建设南朗街道健康医药环保共性产业园

推进建设西湾医药与健康产业园，配套建设集中式工业废水处理设施，统一处理西湾医药与健康产业园、中山市华南现代中医药城生产废水，优化中山市华南现代中医药城公共配套，高标准建设南朗街道健康医药环保共性产业园。

2）建设港口镇家居、展示、游艺产业环保共性产业园

做优做强港口镇家具产业，建设以家具、智能家居设备、显示器件等为主导产业的港口镇家居产业环保共性产业园（谷盛项目），共性工序包括喷涂、表面处理等，拟选址于港口镇沙港东路群乐路段，用地规模126.03亩。

建设以展示制品为主导产业的港口镇展示产业环保共性产业园（华伟项目），共性工序为喷涂、酸洗、磷化，拟选址于港口镇胜隆社区居民委员会木河迳东路，用地规模100亩。

建设以游艺为主导产业的港口镇游艺产业环保共性产业园（金龙项目），共性工序包括树脂成型、砂磨、喷涂等，拟选址于中山市港口镇沙港中路，用地规模61亩。

3）建设中山市民众镇沙仔综合化工集聚区环保共性产业园

完善中山市民众镇沙仔综合化工集聚区基础设施配套建设，促进中山市民众镇沙仔综合化工集聚区转型升级，用地规模9961.5亩。

4）建设中山健康科技产业基地环保共性产业园

完善中山健康科技产业基地基础设施配套建设，建设高标准健康医药环保共性产业园。

（2）西部组团

1）建设大涌镇家具产业环保共性产业园

加强大涌镇家具产业集群治理，引导白蕉围片区家具企业进驻中山市大涌镇瑞信达家具共性工厂项目，引导旗南片区家具企业进驻中山市伍氏大观园家具有限公司集中喷涂共性工厂项目，引导安堂片区

家具企业进驻中山市大涌镇双智家具厂集中喷漆共性工厂项目，引导葵朗片区家具企业进驻中山市大涌镇金锋佳家具共性工厂项目，引导大业片区家具企业进驻中山市励豪红木家具有限公司集中喷漆共性工厂项目，引导叠石村月地片区家具企业进驻中山市大涌镇众业家具厂集中喷漆共性工厂项目，共享喷漆车间。

2）建设沙溪镇家具产业环保共性产业园

强化沙溪镇家具产业喷涂共享服务，加快中山市大唐红木家具市场经营管理部集中喷漆共性工厂项目、中山市威顺家具有限公司集中喷漆共性工厂项目、中山市益洁节能环保服务技术有限公司集中喷漆共性工厂项目建设进程，为大唐红木家具市场、康乐南路、板尾园村周边企业提供家具喷漆加工服务，集约发展。

3）建设古镇镇光电、泡沫产业环保共性产业园

依托古镇镇灯饰照明产业发展基础，推进光电产业产品改造，拟在古镇镇螺沙工业区建设古镇镇光电产业环保共性产业园核心区，用地规模251.6亩，重点配套智慧光电涉污产业，探索扩展高附加值的涉污项目，同时配套一般工业固体废物综合利用和处置站，通过“工改”逐步将螺沙片区发展为环保共性产业园拓展区，推动古镇镇灯饰产业高质量发展，带动辐射周边整个灯饰产业集群共建、共享、共赢。

配套古镇光电产业发展，建设古镇镇泡沫产业环保共性产业园（大卉项目），选址于古镇镇海洲大华工业区，用地规模24亩，重点发展EPS新材料、塑料包装产业。

4）建设横栏镇灯饰、家居、泡沫产业环保共性产业园

增强横栏镇灯饰、家居产业竞争力，加快横栏镇灯饰供应链环保共性产业园建设进程，引导镇内灯饰、家居产业集中发展、集中治污、集中管理。配套灯饰、家居产品包装服务，通过工改将低效工业园区（宏业化工有限公司园区）升级为横栏镇泡沫产业环保共性产业园（云瑞项目），用地规模22亩，重点发展泡沫制品，打造横栏镇泡沫产业品牌效应。

5）建设小榄镇五金、家具产业环保共性产业园

促进小榄镇五金、办公家具、锁具等重点产业转型升级，加快小榄镇五金表面处理聚集区环保共性产业园、小榄镇家具产业环保共性产业园（聚诚达项目）建设进程，以金属表面处理、喷涂工序为核心，聚集发展智能家居、智能锁、智能照明（LED）器具、家具产业，打造中山市环保共性产业园样板工程。积极布局以压铸、注塑工序为核心的五金、塑料配件环保共性产业园。

（3）北部组团

1）建设南头镇家电产业环保共性产业园

做大做强南头镇家电产业，加快南头镇家电产业环保共性产业园（立义项目）建设进程，对镇内家电产业塑料配件进行集中喷漆处理，废气集中治理，推动南头镇家电产业良性发展。

2）建设黄圃镇家电产业环保共性产业园

推进黄圃镇智能家电产业集群发展，提升黄圃镇家电产业环保共性产业园（冠承项目）建设水平，新增黄圃镇大岑片区家电产业环保共性产业园，拟选址于黄圃镇大岑村西部，用地规模约114.98亩，重点发展家电产业、厨卫用品产业、电子信息产业。

3）建设东凤镇小家电产业环保共性产业园

做优做强东凤镇小家电产业，扩大产业集群规模，规划建设东凤镇小家电产业环保共性产业园，聚集发展，提升小家电产业专业化、智能化水平。

4）建设阜沙镇家电产业环保共性产业园

建设阜沙镇家电产业环保共性产业园（嘉顺项目），整合提升阜沙镇家电产业建设水平，集中治污，专业运维，提升行业竞争力。

5）建设三角镇环保共性产业园

加快中山市三角镇高平化工区产业转型升级，规划建设高端装备制造、新一代信息技术、生物医药等产业。建设三角镇五金配件产业环保

共性产业园（金焱项目），重点发展高端表面处理产业（家电、汽车、摩托车类配件金属表面处理），拟选址于中山市三角镇昌隆西街，用地规模约34.95亩；建设三角镇五金制品产业环保共性产业园（诚创达项目），重点发展全球高端金属制造业、电器机械和器材表面处理，重点服务高端汽车、高精密齿轮传动类、电动工具、医疗、叠层模具、电磁屏蔽器件、导热器件和其他电子器件表面处理，提供高品质的表面处理技术配套服务，拟选址于中山市三角镇三角村福泽路，用地规模约38亩。

（4）南部组团

1）建设三乡镇金属表面处理环保共性产业园

集中优势打造铝材加工制造业和汽车配件及维修设备制造业产业集群，落实三乡镇金属表面处理产业发展规划，加快中山市三乡镇金属表面处理环保共性产业园（前陇工业园区）配套的工业废水集中处理厂建设进程，促使铝材加工、汽车配件及维修设备制造业集群规范发展，实现集中治污及统一监管。

2）建设坦洲镇金属配件产业环保共性产业园

做优做强坦洲镇摄影器材、金属制品产业，以金属表面处理为聚集核心，规划建设坦洲镇七村社区金属配件产业环保共性产业园（劲捷项目）和坦洲镇新前进村金属配件产业环保共性产业园（庆琏项目）。坦洲镇七村社区金属配件产业环保共性产业园（劲捷项目）拟选址于中山市坦洲镇环洲横巷，用地规模约25亩；坦洲镇新前进村金属配件产业环保共性产业园（庆琏项目）拟选址于中山市坦洲镇前进二路，用地规模约60亩。

7.2.3 第三产业环保共性产业园

重点建设固废处置环保共性产业园。

（1）固废处置环保共性产业园

1）建设一般工业固废处置环保共性产业园

按照减量化、资源化、无害化的原则，采取“统一规划、统一布点”方式统筹全市一般工业固体废物综合利用和处置，在中心组团、北部组团、西部组团、南部组团各设置一个一般工业固废环保共性产业园，用于一般工业固废分类、自动筛选、破碎、打包、资源回收或燃料使用。

2）建设危险废物处置共性工厂

按照限制盈余、鼓励建设能力不足的原则，推进工业危险废物综合利用处置设施建设，在南部组团规划建设中山市工业炭基绿岛服务中心项目，用地规模79.2亩，通过应用智慧管控系统管控活性炭的全生命周期流动轨迹，以复合再生技术最大程度实现废活性炭资源化利用，填补中山市废活性炭再生处置及高碘值活性炭生产的空白。

（2）汽车“绿岛”

鼓励探索汽车钣喷“环保共性产业园”模式。积极推动汽车“绿岛”项目，建设汽车钣喷共享中心，集约建设污染防治设施，实现“共享治污”，促进汽车维修行业规范化，提升行业治污水平。

1）中心组团

中心组团规划建设2个汽车钣喷共享中心，优先布局于南区街道和中山港街道。

2）西部组团

积极推进小榄镇汽修产业环保共性产业园（聚诚达二期项目），二期项目汽车钣喷共享中心服务于西部组团和北部组团汽车维修钣喷。

3）南部组团

南部组团规划建设1个汽车钣喷共享中心，优先布局于坦洲镇。

汽车“绿岛”项目将实行动态调整，各镇街结合汽修产业分布及土地资源情况，动态调整汽车“绿岛”项目建设数量及选址。

（3）餐饮“绿岛”

积极探索餐饮“环保共性产业园”建设模式，对于连片的餐饮集聚区，按照统一收集、集中治理、达标排放的原则，推广建设餐饮“绿岛”项目。

7.3 环保共性产业园准入条件

环保共性产业园应基于“三线一单”管控要求，符合国家、省和市产业政策，严格环境准入。

7.3.1 生态环境总体准入条件

（1）基于相关产业政策的准入条件

① 禁止建设《产业结构调整指导目录》中淘汰及限制类项目、《产业发展与转移指导目录》需退出或不再承接产业以及《市场准入负面清单》所列项目，严格控制高能耗高排放产业项目。

② 禁止建设炼油石化、炼钢炼铁、水泥、平板玻璃、焦炭、有色冶炼、化学制浆、鞣革、陶瓷（特种陶瓷除外）、铅酸蓄电池项目。

③ 各镇街建设的环保共性产业园需符合中山市、所在镇街环保产业准入要求。

④ 入园项目必须符合园区产业发展规划定位及产业布局。

⑤ 对于急需引进的战略性新兴产业、产业链上的关键环节项目、市重大项目或其他特殊情况，由园区所在镇街政府（办事处）会同及其下辖工信部门、生态环境部门以及园区管理机构，议定准入与否。

（2）基于相关环保政策要求的准入条件

① 入园项目必须符合区域“三线一单”（即生态保护红线、环境质量底线和资源利用上线，生态环境准入清单）管控要求。

② 共性产业园选址若有涉及土壤污染重点监管单位或土壤污染重

点行业企业用地的，需按照《中华人民共和国土壤污染防治法》及有关规定，做好土壤和地下水污染防治工作，有效防范污染风险。

③ 园区应建立环保准入负面清单，严控入园项目门槛。凡列入环境准入负面清单的项目，禁止入园建设。

④ 入园项目必须符合园区规划及规划环评项目准入条件。

⑤ 对于设置废水集中处理设施的园区，入园项目废水必须经园区集中收集、集中处理达到相应排放标准后排放，或经园区集中收集后转移给有废水处理能力的单位处理。

⑥ 核心区入园项目废气必须经产业园配套的废气集中处理设施处理达到相应行业排放标准后排放。

⑦ 入园项目危险废物必须分类分区贮存于产业园内危险废物集中贮存场所。

⑧ 产业园需成立园区管理机构，开展环保数字化在线监控，配备专业人员开展常态化运维。

（3）其他准入条件

① 产业园核心区建筑面积需超过2万平方米。

② 产业园核心区由单个或多个共性工厂组成，单个共性工厂仅可有一个建设主体，内部不得进行分租。

③ 产业园管理机构需联合所在镇街政府（办事处）及其下辖工信部门、生态环境部门，根据其产业定位，制定符合其发展需要的项目准入条件及实施细则，由产业园所在镇街政府（办事处）负责印发，园区管理机构落实执行。

④ 第一产业环保共性产业园池塘养殖面积需连片500亩以上。

7.3.2 生态环境分区准入条件

产业园根据功能分区实行差异化准入，具体如表7-1所列。

表7-1　中山市环保共性产业园不同功能分区环境准入要求

功能分区	空间布局约束	污染物排放管控	环境风险管控	资源开发利用
核心区	（1）核心区应远离环境保护目标进行布局。 （2）核心区项目必须符合产业园核心区的共性产业定位	（1）废气：涉VOCs工序应当在密闭空间或者设备中进行，收集效率原则上不得低于90%；VOCs废气总净化率原则上不得低于90%；应安装VOCs在线监测系统并按规定与生态环境部门联网。 （2）废水：对于金属表面处理、洗水、印染等废水型环保共性产业园应全部配套建设污水集中处理设施，分质分类收集处理，并对电镀行业、洗水行业实施中水回用60%；对于金属表面处理、洗水、印染等行业之外的环保共性产业园产生的零星废水，若废水量合计≥200t/d，应当配套建设污水集中处理设施；若废水量合计＜200t/d，可配套建设污水集中处理设施，或由园区集中收集后统一转移到有相应处理能力的单位处理。配有污水集中处理设施的园区，应安装废水在线监测系统并按规定与生态环境部门联网。 （3）固废：统一按照《危险废物贮存污染控制标准》（GB 18597—2001）及2013年修改单设置危险废物集中贮存场所，工业危险废物利用处置率100%，一般工业固废综合利用处置率100%	（1）核心区内各企业应严格落实环境风险防范措施，编制突发环境事件应急预案并进行备案，构建企业-园区-生态环境部门三级环境风险防控联动体系。 （2）统一建设危险化学品集中贮存场所、危险废物集中贮存场所	（1）原则上应采用全自动生产线/设备或半自动生产线/设备。 （2）只允许使用天然气、液化石油气、电及其他可再生能源。 （3）单位产品物耗、能耗、水耗等达到清洁生产国内先进水平

续 表

功能分区	空间布局约束	污染物排放管控	环境风险管控	资源开发利用
缓冲区	保证该区域用地面积，原则上建设项目不占用该区域用地	缓冲区建设为绿化带、道路、水体，不设污染物排放管控、环境风险管控、资源开发利用等指标		
拓展区	原则上布局配套核心区产业链上下游的产业	（1）废气：涉少量VOCs的生产车间、研发实验室需配备废气收集净化装置，加强VOCs无组织排放控制。 （2）废水：涉少量生产废水的生产车间、研发实验室需落实废水暂存管控措施，做好转移处置，或依托产业园核心区配套的污水集中处理设施处理。 （3）一般工业固废及危险废物严格处理处置，不得随意堆放及丢弃	（1）涉及生产、使用、贮存危险化学品或其他存在环境风险的企业事业单位应按要求编制突发环境事件应急预案，需设计、建设有效防止泄漏化学物质、消防废水、污染雨水等扩散至外环境的拦截、收集设施，相关设施须符合防渗、防漏要求	（1）节约用水用能。 （2）只允许使用天然气、液化石油气、电及其他可再生能源

7.4 风险分析

环保共性产业园规划建设主要存在如下方面的风险。

（1）产业共性不强，难以实现资源共享

产业共性的理念是生产工序和污染治理共性，共性是实现生产车间、污染治理设施共享使用的基础。环保共性产业园规划建设时，如果引入的产业共性不强，就难以实现污染治理车间共享使用，造成污染治理车间资源的浪费；废水和废气治理设施不能稳定达标运行，甚至无法运行，致使污染物违法排放。

环保共性产业园规划建设要充分调研生产工序和污染治理共性的产业信息，制定明确的产业定位要求，在开展具体规划时应制定准入条件和负面清单。

（2）选址布局不合理，规划开发建设受阻

环保共性产业园选址不得占用生态保护红线。选址应避开居民点、学校、医院等人口密集敏感点。空间布局宜采取“核心区–缓冲区–拓展区–辐射区”方式。如果选址布局不合理，会造成不符合总体规划或邻避问题突出等情况，致使后端开发规模、性质受阻，甚至项目无法获批，浪费大量人力物力。

环保共性产业园规划建设应严格落实《中山市“三线一单”生态环境分区管控方案》《中山市环保共性产业园生态环境保护工作指引（试行）》等文件要求，科学选址和布局，确保规划开发建设实施。

（3）资源环境承载力有限，规划建设造成区域环境污染加剧

环保共性产业园规划建设需要配套废水、废气、固废集中处理处置的环保基础设施，控制污染物的排放量，满足资源环境承载力要求。同时，规划建设会导致污染源排放进一步集中，如废水排放会造成个别河涌纳污量大幅提升，废气排放会导致区域VOCs、酸雾、粉尘、NO_x等污染因子排放量显著增加，基于现有水环境和大气环境现状，可能会造成局部生态环境质量恶化。

环保共性产业园规划建设高效、集中处理处置环保设施，确保废水分质收集处理、达标排放，共性的废气污染因子（VOCs、酸雾）宜采取密闭收集，减少无组织排量，固体废物无害化处置，控制污染物的合理排放总量。污染物排放方式的设置，要充分考虑区域环境质量现状，确保符合生态环境功能区划要求。

（4）政策保障措施不到位，规划难以落地实施

政策保障措施是规划实施落地的重要手段，如果措施不到位，就会导致规划形同虚设，实现不了规划的目的。为保证环保共性产业园规划建设实施，要从资金支持、总量保障、严格执法、落实责任等方面制定系统的政策措施，确保规划落地实施。

7.5 经济性分析

为了缓解经济发展和环境污染的矛盾，由联合国环境规划署提出的生态友好型产业集聚园区概念于1997年被引入我国，希望利用协同发展和行政优势，在保护生态环境的同时实现国有经济效益。丹麦、美国、德国和日本等发达国家的生态工业园区实践为我国环保共性产业园发展提供了有益的参考。

中山市环保共性产业园概念提出前，大量小规模企业零星分布，工业园区呈低效发展，企业片面追求经济效益，忽视生态环境的保护。主要问题有生产工艺水平落后、污染物排放量大、治污能力参差不齐、专业管理水平低下。这些问题带来了较大的环境污染风险，使得中山市逐渐呈现出经济建设与生态文明建设发展不协调的态势，不利于中山市绿色经济高质量发展。中山市共性工厂、环保共性产业园的建设，是中山市经济社会发展到一定程度的需要，能带来明显的环境效益、土地效益与经济效益。

（1）环境效益

降低能耗、循环利用、绿色低碳的理念以及集中治污的更高标准要求有助于解决污染物散乱排放问题，改善环境质量。经测算，中山市第一批推进建设的25个环保共性产业园投运后，可以有效提高有机废气收集效率和治理效率，每年可减少VOCs排放量9800余吨。环保共性产业园建设有配套集中供热设施，取代现有的一批天然气供热锅炉，提高供热效率，可有效减少氮氧化物排放量。涉钝化、阳极氧化、磷化等表面处理工艺的环保共性产业园和共性工厂所产生的工业废水经园区内自建废水处理设施处理后执行广东省地方标准《电镀水污染物排放标准》中表2所列的珠三角排放限值，每年可有效减少工业废水化学需氧量排放量220余吨。

（2）土地效益

全市正实施镇村低效工业园改造工程，强力推动低效工业厂房连片改造升级。环保共性产业园鼓励建设高层高标准厂房，能有效释放土地指标，集约用地。

（3）经济效益

在共性工厂模式下，工业产品集中生产，工艺流程集中设计、优化，工业污染集中处理，可以降低入驻企业基础设施和配套环保设施的投入成本，提高收益。环保共性产业园模式有利于整体产业链的完善和优化升级，提升产品品质，提升企业经济效益。

中山市政府和相关部门应结合各镇区产业发展现状布局，合理选址和规划环保共性产业园。强调清洁生产、资源化利用、提高生产力、减少废物排放仍将是环保共性产业园发展的主要关注点。

8.

中山市环保共性产业园建设管理要求

8.1 环保共性产业园建设要求

8.1.1 基础设施建设要求

对于可改造型环保共性产业园，应逐步完善基础设施和公共配套设施，提升园区公共配套水平。

对于新建环保共性产业园，基础设施的建设应遵循“一次规划、分步实施、资源优化、合理配置”原则，降低基础设施的配套成本。产业园区基础设施建设应坚持先地下后地上，统筹建设与园区产业发展相适应的电力、给排水、通信、供气、供热、道路、消防、防汛、危险化学品仓库等基础设施和公共配套设施，并与城市基础设施相衔接。园区基础设施工程建设，应严格落实“三同时”规定，有条件的园区要统筹建设地下公共管网。

（1）电力规划

配备完善的供电系统，满足入驻企业正常生产活动所需的电力设施和内部应急供电系统。实行办公生活用电、生产用电“两电”分设，单独计量，推荐采用具备数据采集、远传等功能的智能电表，实现数字化管理工作。

（2）给排水规划

应以“雨污分流、清污分流、中水回用”为原则设置给排水系统，配备完善的供水系统，对于金属表面处理、洗水等用水型产业园，推荐建设集中式纯水制备供给系统。实行办公生活用水、生产用水“两水”分设，单独计量，推荐采用具备数据采集、远传等功能的智能水表，实现数字化管理工作。

排污管网建设应采取生活污水管网、雨水管网、生产废水管网“三网”分流，做到管线清晰，有明确标记牌，标记牌记录管线口径、长度、功能和走向。生活污水管网与市政污水管网接驳；雨水管网与市政雨水管网连接，并设置紧急切断系统；生产废水管网推荐为明管设置。

（3）通信规划

园区应为入驻企业提供具备数据通信、固定电话和移动通信等方面的基础通信设施，配备完善的光缆系统，满足园区通信及信息化管理需求，要求通信线路采用地下敷设，已建产业园现有架空线路应逐步转入地下。

（4）供气、供热规划

园区应配备完善的供气、供热系统，接入市政天然气管道，鼓励建设集中供热、余热利用、中央空调供冷等重点节能工程。

（5）道路规划

合理规划产业园内部道路，为园区企业物流交通方式提供多种便利的选择。道路宽度设计需满足货运车辆同时出入需求，同时设置多个出入口连接园区外部主干道。主要道路应遵循人流与物流分开的原则，互不混用，设置专门的员工停车场，避免员工车辆占用货车出入道现象。

（6）消防、防汛规划

园区统一建设消防设施和防汛除涝设施，消防设施工程应由具有消防工程施工资质单位建设，各类建筑的建设应符合《建筑设计防火规范》要求，防汛除涝设施的建设应符合国家、省、市相关法律和规章的规定。

（7）危险化学品仓库规划

建设危险化学品集中贮存场所，并由专人负责管理，设置明显标识牌，落实防渗防漏措施。根据危险化学品特性分区、分类、分库贮存，各类危险化学品不得与禁忌化学品混合贮存。

（8）建筑规划

鼓励环保共性产业园规划建设多层工业厂房，最大限度提高土地节约集约利用水平。鼓励工业上楼，提高产业用地容积率。厂房建设应参照《中山市绿色建筑设计指南》《中山市装配式建筑设计指南》《中山市人民政府办公室关于加快发展装配式建筑的实施意见》进行综合设计，推荐建设绿色建筑和装配式建筑，自2019年1月1日起（以建设工程规划许可证批准时间为准），政府投资单体建筑面积大于（含）3000m^2的新建建筑应采用装配式建筑；其他单体建筑面积大于（含）3000m^2的新建工业建筑（含厂房及配套办公楼和宿舍）宜采用装配式建筑。厂房建设在规划阶段预留分布式光伏系统的载荷能力和电网结构，实施阶段推进分布式光伏系统建设，提升新能源使用比例，合理控制园区碳排放水平。结合园区发展产业产品特点，合理规划厂房货运电梯吨位、数量及分布，建设高端物流电梯，满足产品从生产到出售的运输需求，确保大型货物流畅通行，减少停留时间，提高厂房内物流效率。

（9）绿色工厂规划

建设绿色工厂，实现原料无害化、生产洁净化、废物资源化、能源低碳化、建材绿色化，鼓励创建国家低碳示范园区。

8.1.2 污染控制设施建设要求

8.1.2.1 实施污水集中处理

环保共性产业园和共性工厂应以“雨污分流、清污分流”为原则设置排水系统，建设污水集中处理设施并安装自动在线监控装置，污水集中处理设施推荐架空建设；园区各类废水应分类收集、分质处理，达到相应排放标准后排放；鼓励污水深度处理和中水回用。

个别特殊行业的入园企业达不到集中污水处理设施进水水质要求的，应进行预处理后达到集中污水处理设施进水水质要求后方可接入集中污水处理设施。生产废水排入城镇污水处理设施的，应对废水进行预处理，达到城镇污水处理设施接管要求。开展废水纳管评估，经评估认定，污染物不能被城镇污水处理设施有效处理或可能影响城镇污水处理设施出水稳定达标的，不得排入城镇污水处理设施。经评估可继续接入污水管网的园区应当依法取得相应的排污许可。

应规范设置集中污水处理设施排污口，原则上一个园区设置一个排污口。污水集中处理设施出水直排河涌的，应按规定开展“入河排污口设置”审核手续并开展规范化建设，入河排污口设立明显的标示牌。敞开式污水处理系统应配套建设废气（臭气）收集装置和处理设施。

印染、牛仔洗水环保共性产业园集中污水处理设施臭气必须密闭收集并经有效治理后有组织排放。含VOCs废水处理设施落实广东省地方标准《固定污染源挥发性有机物综合排放标准》相关要求。

8.1.2.2 配套建设废气收集治理设施

环保共性产业园和共性工厂应根据产业工艺产污特点，配套建设各类废气收集管道及废气集中治理设施，按照规范合理确定治理设备参数，规范设置废气排放口，设置必要的检测平台、检测口、排放口标志牌。优化合并单栋厂房的排气系统，减少排气筒数量，单幢厂房同类气体原则上只允许设置一个排气筒。入驻企业必须在生产车间内自行安装废气分类收集设施及管道，并按要求接入到废气收集管道中。

对于使用高挥发性有机化合物（VOCs），原料产生的废气应进行分质分类收集，并集中高效治理（如活性炭吸附+催化燃烧、沸石转轮吸附+蓄热式热氧化、沸石转轮吸附+蓄热式催化燃烧、沸石转轮吸附+直燃式燃烧等)。

根据共性行业类别，参照《挥发性有机物治理实用手册》《广东省家具制造行业挥发性有机废气治理技术指南》《中山市工业涂装、包装印刷行业挥发性有机物废气控制技术指引》《中山市VOCs共性工厂污染防治技术指引》等技术规范，对涉VOCs排放企业从源头削减、过程控制、废气收集、末端治理、达标排放、数据监管、台账记录等各方面进行污染排放控制。涉VOCs工序应当在密闭空间或者设备中进行，收集效率原则上不得低于90%；VOCs废气应采用溶剂回收或焚烧法净化处理，总净化率原则上不得低于90%。废气排放应满足相应行业排放标准，涉VOCs排放的产业园内需达到广东省地方标准《固定污染源挥发性有机物综合排放标准》规定的排放限值。

8.1.2.3 强化噪声污染防治

环保共性产业园和共性工厂应结合声功能区划以及周边环境敏感点分布情况，合理布局空间功能分区。入驻企业应通过选用低噪声设备，对高噪声设备分别采用减震、消声、隔声处理，并通过合理布局等措施降低噪声。噪声排放稳定达到《工业企业厂界环境噪声排放标准》相应声功能区标准限值。

8.1.2.4 规范固体废物处理处置

按照分类收集和综合利用的原则，落实固体废物综合利用和处理处置措施。参照《一般工业固体废物贮存和填埋污染控制标准》《危险废物贮存污染控制标准》要求，配套建设集中式一般固体废物和危险废物贮存场所，固体废物综合利用处置率达100%。鼓励园区自建配套的固体废物集中收集及处理处置设施，依法依规对固体废物进行减量化、资源化、无害化处理。

对于“VOCs环保共性产业园”，鼓励配套建设溶剂集中回收、活性炭集中再生工程。产业园内实行固废分类，优先采用资源化方式对工业固体废物进行利用，提高园区固体废物资源化利用率。

鼓励环保共性产业园积极参与中山市“无废城市”建设，建设“无废”园区。推动园区建立危险废弃物自动化仓储系统，实现危险废物自动化称重、打包以及贴标签等功能。产业园内危险废物年产生量10t以上的企业，需在重点环节和关键节点应用视频监控、电子标签等集成智能监控手段，实现对危险废物全过程跟踪管理；其他产生危险废物的单位鼓励采用以上手段对危险废物进行跟踪管理。

8.1.2.5 建设环境风险防控体系

构建企业、园区和生态环境部门三级环境风险防控联动体系，增强园区风险防控能力，开展环境风险预警预报。

① 园区管理机构应定期开展环境风险评估，编制完善环境应急预案并备案，整合应急资源，储备环境应急物资及装备，定期组织开展应急演练，全面提升园区突发环境事件应急处理能力。

② 园区统一配套建设突发环境事件应急设施（包括事故废水收集管网、公共事故应急池、应急物资、应急器材等）；事故应急池宜采取地下式并布置在园区地势最低处，并做好防渗漏处理。

③ 园区统一建设事故应急池，企业若自建事故应急池应与园区事故应急池互连互通。

④ 园区企业应按照相关规定制定突发环境事件应急预案，落实环境风险防范措施。

8.1.3 环境保护“三同时”要求

环保共性产业园和共性工厂的污染防治设施、污染监控设施应当与主体工程同时设计、同时施工、同时使用。

8.2 环保共性产业园管理要求

8.2.1 管理平台高端化

（1）产业园设立园区管理机构

根据园区实际情况创新管理模式，设立园区管理机构，由园区管理机构对产业园区直接管理，探索“区政合一”的管理体制。鼓励园区自主管理，开展常态化自查自纠工作。

（2）建立园区专业环境管理队伍

配备现场巡查、档案管理、化验测试等岗位专员，定期抽查产业园区内企业情况，对园区内企业环保合规情况定期考核并提出工作意见，对园区重点企业档案电子化、归一化综合管理，实现对所有源相关信息的查询、统计和分析。切实增强园区、企业突发环境事件的应对能力，提升园区环境应急管理水平。

8.2.2 日常管理智慧化

（1）建立环境信息公开制度

环保共性产业园和共性工厂管理机构应加强对企业污染物排放的监督管理，完善排污台账，做到“一企一档”，实施动态管理。畅通公众沟通渠道，定期发布环境状况公告，公布污染物排放状况、环境基础设施建设和运行情况、环境风险防控措施落实情况等，适时开展公众满意度调查，接受社会监督。建立健全的企业信用公开机制和退出机制，动态更新企业环境信用评价结果的名单。

（2）搭建规范化公共服务平台

主要为各企业提供业务和数据系统的技术承载环境、技术支撑服务、运维保障服务和安全保障服务等，主要功能设有园区门户、园区办公、园区党建、园区招商、园区金融、园区物管等。

（3）鼓励建设智慧环保管理平台

智慧环保管理平台，实现生态环境监测预警、污染源全过程监管、危废全生命周期管理、环境事故应急、环境综合业务等环境管理功能数字化、精准化和便捷化。

（4）鼓励搭建智慧物联系统

科学设计物流系统，搭建物流云平台，实现物流运输、仓储全程可视化管理，构建智能高效供应链。搭建物联网系统、智能化加工生产线、智能云平台、远程操控系统等，具备较高的智能化、信息化水平。

（5）鼓励建设智慧交通系统

宜在环保共性产业园和共性工厂内的道路上布置感应线圈检测器、超声波检测器、雷达检测器、光电检测器、红外线检测器、摄像机（视频监控）、异频雷达收发机、车辆自动检测、全球定位系统（GPS）装置等检测和采集交通信息；宜在园区内停车场布置RFID电子标签，通过RFID实现车辆信息采集、停车管理、诱导服务。

8.2.3 环境监测常态化

环保共性产业园按照《排污单位自行监测技术指南　总则》《排污许可证申请与核发技术规范　总则》开展常态化监测工作，应开展环保数字化在线监控，配备专业人员开展常态化运维，实现废水、废气、危险废物、噪声排放在线监控。环保共性产业园内被生态环境局纳入自动监测范围的重点项目，在主要生产工序、治理工艺或排放口等关键位置，安装工况参数、用水用电用能、视频探头监控等间接反映水或大气污染物排放状况的自动监测设备。信息传输能实现上报数据一点多传，三方（企业、园区、生态环境部门）共享，涉工业废水排入市政排水设施的环保共性产业园，出水监测数据应与排水主管部门共享。所有涉VOCs排放口应安装含苯、甲苯、二甲苯、非甲烷总烃等监测指标的在线监测系统并按规范与生态环境部门联网，且在四周布设不少于4个微观监测站（一般均匀分布在共性工厂或环保共性产业园核心区四周，如需按实际情况调整，要以达到有效监控项目VOCs废气无组织排放为原则），监测PM_{10}、$PM_{2.5}$、TVOC，监控无组织排放。根据规划环评审查要求，园区预留地下水监控井，开展地下水环境质量跟踪监测。做好应急监测工作，若园区内出现突发环境事件，依据园区应急预案或机制快速做出反应。重点关注园区周边大气、水质自动监测站的数据，若出现异常，及时推送至相关部门或科室，倒查污染源头。鼓励园区开展温室气体排放量核算统计，制定温室气体排放清单。

8.2.4 资源能源集约化

（1）落实工业节水

园区应落实节水工作，优先利用可再生水和雨水等非常规水源，推广雨水资源化、雨水利用、中水回用等系统的应用。工业企业单位产品用水量应不大于国家发布的GB/T 18916定额系列标准或省级部门制定的地方定额。提高工业用水重复利用率，降低万元工业增加值用水量，提高园区内节水型企业覆盖率。

（2）实现工业降耗减碳

优先采用节能技术，实施重点用能设备能效提升、能源系统优化、余热余压深度利用等节能重点工程，推进能源综合梯级利用，提高能源利用效率。对有用热需求的园区实施集中供热，支持大型工业用户天然气直供，自主选择气源和供气路径。支持园区利用清洁可再生能源，依托光伏发电、微电网和充电基础设施等，开展园区级源网荷储一体化建设。

8.2.5 碳排放管理智慧化

（1）鼓励建设能源监控系统

适应“双碳”战略需求，对环保共性产业园内各能耗设备布置智能传感设备，通过智能化的仪表对用电、供暖、供冷、用水、燃气等的使用信息进行采集和监控。落实节能、低碳要求，应对园区内各能耗设备布置节能控制设备，综合采用绿色、低碳、安全、智能化的能源技术，通过碳排放智慧管理平台等进行统一的碳排放管理和优化。

（2）鼓励搭建碳排放智慧管控平台

鼓励环保共性产业园搭建碳排放智慧管控平台，根据园区使用的燃料、物料情况，动态实时生成碳排放报表，为园区绿色低碳发展提供数据支持，探索园区减碳路径，辅助制定合理的控制碳排放措施。

8.3 后期监管建议

结合园区产业发展定位，在资源利用率、税收及单位用地面积产值等方面制定项目考核制度；制定完备的退出实施细则，并由所在镇街政府（办事处）颁布实施。入园项目在签订投资协议入园时，需以书面形式承诺接受园区及政府有关部门的依法监管，并承诺遵守园区考核与退出实施细则。

入驻企业因自身原因，有下列行为之一的，在规定的整改期限内未达到整改目标要求的，实行退出，建议如下：

① 入驻企业签约后超过3个月不进行动工建设的；

② 项目在装修和生产过程中，连续停工超过6个月的；

③ 项目运营投产后，连续3年生产状况未达到协议约定设计生产指标或税收强度的50%；

④ 入驻项目建成投产后，因未按照准入条件建设，造成生产工艺或产品不符合国家、省、市产业政策且拒不调整产业和改进工艺的；

⑤ 因产能严重过剩或经营不善造成严重亏损，连续亏损超过2年的；

⑥ 不遵守园区整体规划或造成严重环境污染，损害园区长远发展利益的。

非项目业主主观原因，受外界不可抗拒因素影响，造成项目建设或投产运营滞后的，在退出管理时本着实事求是原则，按“一事一议”方式认定。园区管理机构依据企业整改情况及相关部门意见，研究确定企业退出具体方式，并在规定时限内组织实施。

确定退出的项目需要无条件放弃项目建设过程中环境管理支撑体系提供的所有支持优惠。

9.

中山市环保共性产业园支撑体系建设

- 产业链发展的支撑体系
- 基础配套设施的支持体系
- 技术支撑体系
- 环境保护管理支撑体系
- 环保共性产业园认定管理

9.1 产业链发展的支撑体系

（1）提高产业基础能力

依托国企、龙头企业突破产业瓶颈、破解“卡脖子”难题，需要持续投入的“累积性创新”，同时，发挥众多中小微企业经营灵活、创新动力强的优势。培育中小微企业向“专精特新”发展，加强对中小微企业科技创新的系统性支持和专业化服务。鼓励优秀企业延伸产业链、开拓新市场，成为行业龙头，打造产业生态领军企业，提升产业链控制能力。

（2）加快产业链数字化、绿色低碳化转型

充分利用环保共性产业园的智慧服务平台，深入开展制造业数字化转型行动，培育企业数字技术应用能力。全力推动重点行业绿色化改造，开展绿色低碳技术和产品示范应用，推进重点行业和领域低碳工艺革新。

（3）推进区域整合式创新发展

推动创新要素在环保共性产业园内、甚至不同园区间自由流动与集聚，提高区域创新能力。搭建“政产学研用”一体化平台，提高基础研究与应用研究的协同性，提高区域研发成果转化率，着力疏通产业链供应链堵点卡点。

9.2 基础配套设施的支持体系

（1）保障多种供水需求

环保共性产业园所在片区的给水管网系统应根据城市规划以及园

区建设情况统一规划，分期实施，给水管应按照远期用水量规划设计。共性工厂、环保共性产业园建设二次供水设施，设计应符合现行国家标准《建筑给水排水设计标准》（GB 50015—2019），保证共性工厂、环保共性产业园内生活用水的涉水产品应符合国家标准《生活饮用水输配水设备及防护材料的安全性评价标准》（GB/T 17219）的规定。保障消防给水，采用以“以城市给水为主、人工水体和自然水体为辅的多种水源互补”的消防给水体制。对需水量较大的洗水产业园区，谋划集中取水设施。

（2）提前规划排水管网建设

摸清共性工厂、环保共性产业园所在区域的生活污水收纳管网系统建设情况，排查现有破旧废水管网，充分考虑当地水环境容量及污水处理厂处理能力，为能排入城镇市政污水处理厂的工业废水配套纳污管网，污水管网和雨水管网随道路和区域改造同步实施，改善共性工厂、环保共性产业园排水系统。结合中山市治水攻坚战，在污水处理厂扩容过程中增加市政污水处理厂处理工业废水的能力，提升共性工厂、环保共性产业园废水排放的可依托性。

（3）优化供电设施建设

加强共性工厂、环保共性产业园所在区域配电网建设，提高供电可靠性和供电质量。提升区域电网智能化水平，加强电力应急调峰储备能力建设。开展电力需求侧响应调节能力研究，建立源网荷储灵活高效互动的电力运行与市场体系，鼓励各类电源、电力用户、储能及虚拟电厂灵活调节、多向互动。

（4）优化互联网、通信网络等信息基础设施

加强共性工厂、环保共性产业园所在区域数据通信和移动通信等方面的基础通信设施建设，配备完善的光缆系统，实现光纤到厂

（区），满足共性工厂、环保共性产业园通信及信息化（在线监测和数据传输）管理需求。

（5）加快燃气供应系统建设

在城市建设规划的指导下，考虑热负荷分布、热源位置、与各种地上地下管道及构筑物、园林绿地和水文、地质条件等多种因素，为供热需求较大的环保共性产业园布置供热管道。供热支管随热负荷的发展分期建设。支持大型工业用户天然气直供，自主选择气源和供气路径。支持共性工厂、环保共性产业园利用清洁可再生能源，依托光伏发电、微电网和充电基础设施等，开展共性工厂、环保共性产业园级源网荷储一体化建设。

（6）推进交通基础设施互联互通

构建综合交通体系，共性工厂、环保共性产业园交通融入区域交通网络。升级改造园区周边道路，配套建设绿化及照明工程，加强道路养护，切实提升道路通行能力，实现物流运输高效化。摸清共性工厂、环保共性产业园企业需求，探索短驳交通、设立共性工厂、共性园区公交专线等方式，提升综合交通运行服务水平，优化公共交通资源配置。

（7）配套规划固废集中处置设施

加快工业固体废物资源化利用，为共性工厂、环保共性产业园配套工业固体废物综合利用、再生资源回收利用技术设备，建设固体废物全生命周期流动轨迹管控系统。以活性炭集中处置为重点，推行活性炭厂内脱附和专用移动车上门脱附，指导企业做好废活性炭的密封贮存和转移，引导建设活性炭集中处理中心、溶剂回收中心，探索形成可复制推广经验。

（8）创新土地开发与管理理念

共性工厂、环保共性产业园的基础设施的建设遵循“一次规划、分步实施、资源优化、合理配置”原则，降低基础设施的配套成本，实现低成本开发、低成本运营，营造具有竞争力的低成本创业环境和产业发展环境。

9.3 技术支撑体系

（1）打造技术人才梯队

高起点、高标准建设环保共性产业园区研究院，支持中山市科研机构开展环保共性产业园区研究，打造以共性工厂、环保共性产业园为主体，以大专院校和科研院所为支撑，产学研协同发展的科技创新体系。

（2）发展节能减排技术

① 大力推行循环水系统、串联水系统和回用水系统。鼓励和支持共性工厂、环保共性产业园外排废（污）水处理后回用，推广外排废（污）水处理后回用于循环冷却水系统的技术。鼓励发展高效环保节水型冷却塔和其他冷却构筑物。

② 推广使用新型滤料高精度过滤技术、汽水反冲洗技术等降低反洗用水量技术，推广回收利用反洗排水和沉淀池排泥水的技术。

③ 开发和推广新型生物法、膜法等技术在工业废水处理中的应用。

④ 推广有机废气高效治理工艺（如活性炭吸附+催化燃烧、沸石转轮吸附+蓄热式热氧化、沸石转轮吸附+蓄热式催化燃烧、沸石转轮吸附+直燃式燃烧等）。

（3）支持共性技术研发

对共性工厂、环保共性产业园的共同工序进行标准化研究，对每个生产工序的操作规程制定标准，制定工序标准体系。

9.4 环境保护管理支撑体系

（1）精简环评和排污许可管理

① 加强“三线一单”、环保共性产业园规划环评和项目环评联动，对位于已完成规划环评并落实要求的园区，且符合相关生态环境准入要求的建设项目，其项目环评可直接引用规划环评相关结论。

② 强化产业园区管理机构开展和组织落实规划环评的主体责任，高质量开展规划环评工作，探索产业园区内同一类型小微企业项目打捆开展环评审批，统一提出污染防治要求并明确各自主体环保责任。

③ 开展污染影响类项目环评与排污许可深度衔接改革试点；对符合规划环评要求，且排污许可证能够有效承接的部分建设项目环境影响报告表，推进依法将审批制调整为备案制；对纳入排污许可管理的污染影响类项目，深化自主验收和后评价管理改革。

（2）统筹调剂污染物总量指标

设立环保共性产业园主要污染物排放总量专项支持政策，由市层面统筹协调核心区集中污治设施主要污染物排放总量来源，支持集中污治工作。

（3）完善污染防控体系建设

建立大气监测、水环境监测、噪声环境监测、碳排放检测等环境监测体系，编制水污染控制方案、大气污染控制方案、固体废物循环利用和处置方案、土壤和地下水污染控制方案、中山市土壤污染防治工作方案等。

① 水污染方面，针对不同产业类型废水提供推荐的处理工艺、排水方案；

② 大气污染方面，对不同类型废气污染物推荐处理工艺，动态更新并完善《中山市VOCs共性工厂污染防治技术指引》；

③ 固体废物处理处置方面，围绕《中山市工业固体废物污染环境防治条例》《中山市“无废城市”试点建设工作方案》的内容，深化清洁生产和循环经济水平的要求；

④ 土壤和地下水防治方面，按照国家与省统筹安排，强化建设用地土壤环境管理。

9.5 环保共性产业园认定管理

为更好地统筹全市环保共性产业园规划建设工作，避免环保共性产业园出现同质化竞争、杂乱无章建设等情况，对环保共性产业园开展认定管理，规范环保共性产业园规划建设及后续管理工作。

环保共性产业园的认定分以下两种情形。

第一种情形为环保共性产业园预评价认定申请（以下简称“蓝牌”申请），申请节点为环保共性产业园已经建设完成，公共配套设施已建成；蓝牌有效期原则上为3年，不续期。

第二种情形为环保共性产业园认定申请（以下简称“绿牌”申请），申请节点为环保共性产业园已经建设完成并投入运行，公共配套设施已建成，公共配套的污染防治措施建设项目已通过竣工环保验收；绿牌有效期原则上为3年，有效期满3个月前向市生态环境局提交续期申请，逾期未申请的需重新认定。

9.5.1 蓝牌申请

蓝牌申请应满足以下条件。

（1）基本要求

① 园区建设符合《中山市环保共性产业园规划》建设要求；

② 规划环评获得生态环境部门规划环评通过的审查意见；

③ 建设内容无超出规划、规划环评要求的范围；

④ 园区核心区建设满足已颁布的环保共性产业园行业标准要求（核心区行业未颁布相关标准的，该项不考核）；

⑤ 规划环评及审查意见提出的污染防治措施及生态保护措施已落实“三同时”制度；

⑥ 已制定颁布环保共性产业园准入条件。

（2）基础设施

配套的供水、供电、供汽、供热、污染防治措施及应急设施已建成。

（3）管理体系

① 设置园区管理机构，配备环保、应急等类型专职管理人员；

② 已建立完整的环境管理制度；

③ 配备智能计量器具及园区综合管理平台，满足企业用水、用电数据实时采集及综合分析能力。

（4）需符合的其他条件

符合蓝牌申请条件的园区，其建设单位向所在镇街政府（办事处）提出申请。各镇街政府（办事处）按照申报条件对申请材料进行初审并出具意见。建设单位将申请材料连同镇街政府（办事处）出具的意见一并报市生态环境局。

9.5.2 绿牌申请

绿牌申请应满足以下条件。

（1）基本要求

① 园区建设符合《中山市环保共性产业园规划》建设要求；

② 建设内容、产业定位无超出规划、规划环评要求的范围；

③ 规划环评及审查意见提出的污染防治措施及生态保护措施已落实，污染物稳定达标排放；

④ 园区核心区建设满足已颁布的环保共性产业园行业标准要求（核心区行业未颁布相关标准的，该项不考核）；

⑤ 园区公共配套污染防治措施建设项目通过竣工环保验收；

⑥ 园区企业合法合规经营，申报日上溯一年内未因环境违法行为受到行政处罚；

⑦ 园区管理规范，申报日上溯一年内未发生重大及以上突发环境事件。

（2）基础设施

配套的供水、供电、供汽、供热、污染防治措施及应急设施正常运行。

（3）管理体系

① 设置园区管理机构，配备环保、应急等类型专职管理人员；

② 已建立并有效执行的环境管理制度；

③ 配备的智能计量器具及园区综合管理平台正常运作，满足企业用水、用电数据实时采集及综合分析能力。

（4）需符合的其他条件

符合绿牌申请条件的园区，其建设单位向所在镇街政府（办事处）提出申请，各镇街政府（办事处）按照申请条件对申请材料进行初审并出具意见。建设单位将申请材料连同镇街政府（办事处）出具的意见一并报送至市生态环境局。

通过认定的环保共性产业园，在生态环境专项资金申请及分配方面予以优先考虑。

10.

中山市环保共性产业园建设情况

- 环保共性产业园审批情况
- 环保共性产业园建设现状
- 可改造型环保共性产业园(集聚区)发展现状
- 存在问题分析
- 整合提升建议
- 典型案例分析：中山市泡沫塑料包装环保共性产业园规划设计

10.1 环保共性产业园审批情况

(1)已审批情况

截至2021年年底，全市获得批复的共性工厂环评共12家，通过规划环评审查的环保共性产业园共3个（表10-1）。

表10-1 中山市现有共性工厂、环保共性产业园/集聚区审批情况

序号	共性工厂、环保共性产业园项目名称	产能	建设情况	总量控制指标	废气治理工艺	废水治理工艺
1	中山市聚诚达实业投资有限公司年集中喷漆100万件家具项目	集中喷漆家具100万件/年，喷涂面积255万平方米	环评已批复，准备建成投产	VOCs	（1）打磨粉尘：喷淋除尘（4套）。（2）喷漆：水帘柜+喷淋塔+干式过滤器+活性炭吸附+催化燃烧（4套）	（1）生产废水：除漆渣+综合调节池+物化处理+生化处理+砂滤+超滤+回用；砂滤/超滤浓水→浓水集水池+物化处理+反渗透+委托资质单位处理。（2）生活污水：化粪池+东升镇污水处理厂（达标尾水排入北部排灌渠）

续 表

序号	共性工厂、环保共性产业园项目名称	产能	建设情况	总量控制指标	废气治理工艺	废水治理工艺
2	中山冠承电器实业有限公司新建项目	年生产家电配件2660万件以及电饭煲20万台、油烟机20万台、燃气灶10万台、红酒柜50万台；喷漆面积1260万平方米	环评已批复，首期已建成投产，二期三期规划建设	COD_{Cr}，NH_3-N，VOCs，NO_x	水喷淋+干式过滤器+活性炭吸附浓缩-催化燃烧（8套）；UV光解+活性炭吸附（8套）	（1）水帘柜废水、喷淋塔废水：先进入隔油池，收集池与电泳清洗废水混合，进行pH值调整+芬顿高级氧化+混凝沉淀。玻璃清洗废水：沉砂池+收集池+混凝沉淀。陶化废水：收集池+混凝沉淀。除油废水：隔油池。6种废水汇入综合调节池：混凝沉淀+气浮池+中间池+水解酸化+缺氧池+好氧池+二沉池+清水池后达标排放，最终排入洪奇沥水道。 （2）生活污水：近期为化粪池预处理+调节池+沉淀池+生物接触氧化处理后达标排放，排入洪奇沥水道。远期经化粪池预处理后纳入黄圃镇生活污水处理厂

续 表

序号	共性工厂、环保共性产业园项目名称	产能	建设情况	总量控制指标	废气治理工艺	废水治理工艺
3	中山市大唐红木家具市场经营管理部集中喷漆建设项目	喷漆家具38万平方米/年	环评已批复，首期已建成投产	VOCs	漆雾喷淋塔+吸附浓缩－催化燃烧	（1）喷淋塔废水收集后委托给有处理能力的废水处理机构处理，不外排。（2）生活污水经化粪池预处理后通过市政管网排入中嘉污水处理厂，处理达标后排放入岐江河
4	中山市威顺家具有限公司集中喷漆建设项目	喷漆加工木制家具规模为59万平方米/年	环评已批复，已建成投产	VOCs	漆雾喷淋塔+除雾器+吸附浓缩－催化燃烧的处理工艺4套，布袋除尘装置3套	（1）产生的水帘柜废水及喷淋塔废水委托给有处理能力的废水处理机构处理，无生产废水排放。（2）员工生活污水经化粪池预处理后通过市政管网排入中嘉污水处理厂集中处理后排入岐江河
5	中山市益洁节能环保服务技术有限公司集中喷漆建设项目	喷涂家具面积66万平方米/年	环评已批复	VOCs	漆雾喷淋塔+除雾器+吸附浓缩－催化燃烧的处理工艺7套，布袋除尘系统4套	（1）产生的水帘柜废水及喷淋塔废水委托给有处理能力的废水处理机构处理，无生产废水排放。（2）员工生活污水经已建的化粪池预处理后通过市政管网排入中嘉污水处理厂集中处理后排入岐江河

续 表

序号	共性工厂、环保共性产业园项目名称	产能	建设情况	总量控制指标	废气治理工艺	废水治理工艺
6	中山市大涌镇瑞达家具厂新建项目	年产木质家具1万套	环评已批复	COD_{Cr}，NH_3-N，VOCs	活性炭吸附-催化燃烧再生法1套、活性炭吸收装置1套	（1）生产废水："加药气浮+微电解+高效催化氧化厌氧+生化+混凝沉淀"组合工艺，处理后达标排入赤洲河。 （2）生活污水：经化粪池预处理后通过市政管网排入大涌镇污水处理厂净化处理，达标后排入西部排灌渠
7	中山市伍氏大观园家具有限公司集中喷涂房建设项目	年喷漆家具40万平方米，折合约32万件家具	环评已批复，首期已建成调试	VOCs	活性炭吸附+催化燃烧10套	（1）生活污水经项目内自建化粪池预处理后即可排入市政管网，最终送至大涌镇污水处理厂集中处理，最终排入西部排灌渠。 （2）喷漆房水帘柜经絮凝沉淀、废气处理喷淋塔循环水交有废水处理能力的机构处理

续 表

序号	共性工厂、环保共性产业园项目名称	产能	建设情况	总量控制指标	废气治理工艺	废水治理工艺
8	中山市大涌镇双智家具厂集中喷漆建设项目	年喷漆家具12万平方米	环评已批复，首期已建成待验收	VOCs	4套废气处理设施，“雾化喷淋+高效生物净化”、“雾化喷淋+高效生物净化+活性炭吸附”工艺	（1）喷漆房水帘柜经絮凝沉淀、废气处理喷淋塔循环水经“絮凝沉淀+UV消毒”处理后循环使用。水箱定期清理，产生的废液作为危险废物委托有资质单位处置，无生产废水排放。（2）生活污水经化粪池预处理后通过市政管网排入大涌镇污水厂，处理后排入西部排灌渠
9	中山市大涌镇金锋佳家具厂改扩建项目	木质家具2000套/年，家具喷漆加工25万平方米/年	环评已批复，首期已建成待验收	VOCs	木工粉尘、油磨粉尘废气：经布袋除尘器处理。有机废气：2套水帘柜+高效湿式漆雾洗涤器+UV光解+活性炭吸附	（1）生产废水主要为水帘柜定期更换排水、高效漆雾洗涤设备清洗更换排水。污染物浓度高，建设单位拟将其外运交给中山市黄圃食品工业园污水处理有限公司进行处理。（2）生活污水经现有三级化粪池预处理后，排入市政污水管网，汇入大涌镇污水处理厂集中处理达标后，排入西部排灌渠

续 表

序号	共性工厂、环保共性产业园项目名称	产能	建设情况	总量控制指标	废气治理工艺	废水治理工艺
10	中山市励豪红木家具有限公司集中喷漆建设项目	为周边家具制造厂提供集中喷漆加工服务，预计处理家具约51.2万件/年，喷漆面积约64万平方米/年	环评已批复，正在建设	VOCs	活性炭吸附＋催化燃烧相结合的处理工艺。8套喷漆废气处理装置	（1）生活污水由市政管网排入大涌镇生活污水处理厂处理，尾水排入西部排灌渠。 （2）生产废水集中收集后交由具有处理能力的废水处理机构处理
11	中山市大涌镇众业家具厂集中喷漆扩建项目	年产木制家具4000套	环评已批复，暂未建设	VOCs	2套布袋除尘器，6套20000m^3/h的“水帘柜＋高效湿式漆雾洗涤器＋干式过滤＋活性炭吸附－催化燃烧再生法”装置以处理项目的喷漆及晾干废气	（1）水帘柜及漆雾洗涤装置定期更换废水外运交给中山市黄圃食品工业园污水处理有限公司进行处理。 （2）生活污水经三级化粪池预处理达标后，可排入市政污水管网，汇入大涌镇污水处理厂集中处理后，排入西部排灌渠

续 表

序号	共性工厂、环保共性产业园项目名称	产能	建设情况	总量控制指标	废气治理工艺	废水治理工艺
12	中山市小榄镇表面处理行业规划现代化集中式喷涂园项目	以表面处理行业（不含电镀）为核心，以智能家居、智能锁、智能照明（LED）器具制造业为主导的一站式制造基地	规划建设	SO_2，NO_x，VOCs，COD_{Cr}，NH_3-N	有机废气拟优先采用蓄热式催化燃烧（RCO）进行处理。高效袋式除尘装置回收粉尘。采取碱液喷淋中和法对酸雾废气进行处理。天然气燃烧废气直接通过排气筒高空排放	（1）生产废水： ① 高浓度有机废水预处理流程主要为：高有机废水调节池→pH调节池1→混凝池1→气浮机1→混凝池2→絮凝池2→沉淀池→综合调节池。 ② 含镍高磷废水预处理流程主要为：含镍高磷废水调节池→pH调节池1→除镍磷反应池1→絮凝池1→沉淀池1→中间水池→砂滤罐→除镍磷反应池2→混凝池→絮凝池2→沉淀池2→综合调节池。 ③ 不锈钢含铬含镍废水预处理流程主要为：废水调节池→间歇反应沉淀池→pH调节池→SBR→中间水池→袋式过滤→UF系统→保安过滤器→RO系统→蒸发浓缩装置→作为危废交由具有相关危险废物经营许可证的单位处理。生产

续 表

序号	共性工厂、环保共性产业园项目名称	产能	建设情况	总量控制指标	废气治理工艺	废水治理工艺
						废水经聚集区内废水处理厂集中处理后，达标后排入岂洲河。 （2）生活污水：区内生活污水经三级化粪池等预处理措施处理后排入小榄污水处理厂，进一步处理后排放至岂洲河
13	广东立义科技股份有限公司三厂区扩建项目	塑料配件46974t/a、EPP成型件4494t/a、模具1000套/年、3D打印件12t/a和塑料配件喷漆规模166.2万平方米/年	环评已批复	VOCs	3套废气治理系统，废气经UV光解+活性炭吸附，最后通过烟囱排放	（1）生活污水：化粪池处理后经市政管网排至南头镇污水处理厂处理，达标后外排入通心涌。 （2）生产废水收集后交由有处理能力的废水处理机构处理

续 表

序号	共性工厂、环保共性产业园项目名称	产能	建设情况	总量控制指标	废气治理工艺	废水治理工艺
14	横栏镇灯饰供应链产业规划	横栏镇灯饰供应链产业主要为灯饰产品或家居用品等提供酸洗磷化（配套喷漆、喷粉、电泳）、化学或电化学抛光、蚀刻、阳极氧化、电路板加工、真空镀膜、机械抛光、塑料木制品或其他产品的喷漆喷粉、注塑等配套表面处理，为基础性的配套行业，主要产品包括金属灯饰配件、塑料	环评已批复	NO_x VOCs， COD_{Cr}， NH_3-N	酸性废气：一般企业采用碱液喷淋塔喷淋处理后有组织排放。 有机废气：部分现有企业对喷涂过程产生的有机废气采用水帘柜收集，随后经活性炭吸附塔处理后有组织排放。 抛光粉尘：部分现有企业抛光打磨粉尘经湿式除尘器处理后有组织排放。 燃烧废气：燃烧废气主要为切片生物质气化炉＋燃气锅炉废气，燃烧废气经除尘脱硫塔处理后有组织排放	（1）生活污水由污水管网进入横栏镇生活污水处理厂，处理达标后最终排入拱北河。 （2）将环镇北路地块排放的生产废水统一收集后，进入共同设立的污水处理设施进行达标处理，污水处理设施排污口建议设在污水处理设施最近的拱北河，处理后的排水一部分回用，一部分直接排入拱北河。中横大道地块排放的生产废水统一收集后，进入共同设立的污水处理设施进行达标处理，污水处理设施排污口设在污水处理设施最近的拱北河，处理后的排水一部分回用，一部分直接排入拱北河

续 表

序号	共性工厂、环保共性产业园项目名称	产能	建设情况	总量控制指标	废气治理工艺	废水治理工艺
		灯饰配件、木制品灯饰配件、五金配件、玻璃门窗、模具等				
15	中山市三乡镇金属表面处理产业发展规划	金属表面处理工序（铝及铝合金的阳极氧化、金属酸洗磷化及化学抛光、金属喷漆、金属喷涂等）的铝材加工制造业、汽车零配件及维保设备制造等制造业企业或该类企业的金属表面处理工序单元/加工车间	环评已批复	SO_2，NO_x，VOCs	酸性废气：采用碱液喷淋塔喷淋处理后有组织排放。 有机废气：企业对喷涂过程产生的有机废气一般采用水帘柜收集，随后经活性炭吸附塔处理后有组织排放。 抛光粉尘：抛光打磨粉尘主要经湿式除尘器或布袋除尘器处理后有组织排放。 燃烧废气：生物质成型燃料燃烧废气经除尘脱硫塔处理后有组织排放	（1）规划区产生的生活污水经各企业自带预处理措施处理后排往三乡镇污水处理厂，经三乡镇污水处理厂处理后达标排放至鸦岗运河。 （2）规划在规划区内建设废水集中处理厂集中处理规划区内入驻企业的生产废水，废水经处理后达《电镀水污染物排放标准》（DB 44/1597—2015）中表2所列珠三角排放限值后排入三乡镇污水处理厂做进一步处理，最终达标排放至鸦岗运河

① 12家已批的共性工厂中，大涌镇和沙溪镇分别有6家企业和3家企业，均为向周边家具企业提供喷漆加工配套的共性工厂；其余3家企业分别为南头镇的塑料喷涂共性工厂、黄圃镇的家电产业配套喷涂共性工厂以及小榄镇的家具产业配套喷涂共性工厂。总体而言，已批的共性工厂工艺主要为喷涂，主要为家具、家电行业提供配套服务。

② 规划环评已获审查的3个环保共性产业园分别为小榄镇五金表面处理聚集区、横栏镇灯饰供应链产业园以及中山市三乡镇金属表面处理产业园（前陇工业区）。3个规划建设的环保共性产业园均为金属表面处理园区，包括酸洗磷化、喷涂等工序。

（2）总量控制指标情况

已批、已审查的15个共性工厂、环保共性产业园涉及总量控制的指标为挥发性有机废气和氮氧化物。其中，横栏镇灯饰供应链产业园排放的总量指标占比最大，其次是配套家具喷涂的中山聚诚达共享喷涂产业园。

（3）污染物治理措施及配套设施情况

根据已批项目的环评，喷漆工序产生的废气共有9家共性工厂和1个环保共性产业园采用活性炭吸附+催化燃烧的废气处理工艺，其余的处理工艺为活性炭吸附、UV光解+活性炭吸附或高效生物净化+活性炭吸附。抛光、打磨工序产生的废气大部分通过水喷淋或布袋除尘处理。燃烧废气主要采用除尘脱硫塔进行处理。

共性工厂的生产废水主要为喷漆房水帘柜废水、喷淋塔废水和表面处理废水，大部分企业均委托交给有处理能力的废水处理机构处理，还有部分企业通过自建废水处理设施，经处理达标后排放至市政污水管网。小榄镇五金表面处理聚集区、横栏镇灯饰供应链产业园生产废水经园区配套的废水集中处理设施处理达标后排放至自然水体，中山市三乡镇金属表面处理产业园（前陇工业区）生产废水经园区配套的废水集中处理设施处理达标后排放至市政污水管网。

10.2 环保共性产业园建设现状

（1）大涌镇共性工厂建设现状

大涌镇已批共性工厂项目共计6个，分别是中山市大涌镇瑞信达家具厂新建项目、中山市伍氏大观园家具有限公司集中喷涂房项目、中山市大涌镇双智家具厂集中喷漆建设项目、中山市大涌镇金峰佳家具厂改扩建项目、中山市励豪红木有限公司集中喷漆建设项目以及中山市大涌镇众业家具厂集中喷漆扩建项目，其中中山市大涌镇瑞信达家具厂新建项目、中山市大涌镇众业家具厂集中喷漆扩建项目已申领排污许可证。

目前，瑞信达项目环保手续齐全，且按照环评要求建设。建有1套200t/d的自建污水处理设施，主要处理园区内水帘柜废水及园区外零星转移的工业废水。配备中水回用设施，10%工业废水经处理后得以重复利用，其余废水经自建污水处理设施处理达标后排入赤洲河。喷漆晾干废气通过水帘柜及高效水洗湍流塔进入干式过滤箱过滤后，进入活性炭箱，再通过催化燃烧设备处理后引流至排放口达标排放，通过在线系统实时监控排放浓度数据。项目按照要求建设有危废暂存间，制定了应急防范措施以及环保管理制度。

（2）沙溪镇共性工厂建设现状

沙溪镇已批共性工厂项目共计3个，分别是中山市大唐红木家具集中喷漆建设项目、中山市益洁节能环保技术服务有限公司集中喷漆建设项目、中山市威顺家具有限公司集中喷漆建设项目，其中仅中山市大唐红木家具集中喷漆建设项目已申领排污许可证。

中山市大唐红木家具集中喷漆建设项目位于中山市沙溪镇秀山工业区，于2018年获得环评批复。项目一期6个喷漆车间于2019年4月建设完成，目前已有4家企业进驻，年产800件红木家具。项目已制定突发环境事件应急预案并完成备案。项目所产生的喷漆废气通过漆雾喷淋塔和吸附浓缩催化燃烧后达标排放，喷淋塔废水则收集后委托有处理能力的废水处理机构处理。

中山市益洁节能环保技术服务有限公司集中喷漆建设项目位于中山市沙溪镇板尾园村，于2020年获得环评批复，目前厂房仍在施工报建中，尚未投产。

中山市威顺家具有限公司集中喷漆建设项目位于中山市沙溪镇康乐南路，于2019年获得环评批复，目前尚未投产。

（3）黄圃镇共性工厂建设现状

黄圃镇已批共性工厂项目1个，为中山冠承电器实业有限公司新建项目，于2019年取得环评批复，目前已投产建设，进驻企业25家，已完成突发环境应急预案备案及排污许可证申领，尚未完成竣工环境保护验收。

（4）南头镇共性工厂建设现状

南头镇已批共性工厂项目1个，为广东立义科技股份有限公司三厂区扩建项目，于2020年取得环评批复，目前仅自用部分投产建设，尚未有企业进驻，已完成突发环境应急预案备案及排污许可证申领，尚未完成竣工环境保护验收。

（5）横栏镇环保共性产业园建设现状

横栏镇灯饰供应链产业园位于中山市横栏镇，规划环评于2020年通过审查，目前正在建设，尚未投产。

（6）小榄镇环保共性产业园建设现状

小榄镇已获批环保共性产业园2个，分别为小榄镇中山聚诚达共性喷涂产业园、小榄镇五金表面处理聚集区。

小榄镇中山聚诚达共性喷涂产业园于2020年取得环评批复，目前正在施工建设，4栋厂房基建主体已基本完成，环保设备正在安装阶段，已申领排污许可证。

小榄镇五金表面处理聚集区2020年规划环评通过审查。目前正在建设基础设施，预计投产日期为2023年。

（7）中山市三乡镇金属表面处理产业园建设现状

位于三乡镇前陇工业区，规划用地面积109.27万平方米。园区规划环评已于2020年8月通过，拟对三乡镇范围内主要配套铝材加工制造业、汽车配件及维修设备制造业的金属表面处理企业，及上述制造业企业中涉金属表面处理的工序单元进行集聚整合。园区内拟建1家处理量为1500t/d的金属表面处理废水处理厂，处理达标后的废水拟接入三乡镇生活污水处理厂。园区未设置管理机构，无相关的企业管理、环保管理制度、园区应急预案等，但已经制定准入政策。由于园区缺乏管理，集中污水处理厂建设进度较慢，相关招商引资项目至今仍未能落地。目前污水处理厂的主体结构已成形，正在进行防漏测试，膜处理工艺设备正准备安装。目前前陇工业区内主要涉及生产废水排放的金属表面处理企业为广东和胜工业铝材股份有限公司下属的分子公司（分别为广东和胜工业铝材股份有限公司切削分公司、广东和胜工业铝材股份有限公司模具分公司、中山市和胜智能家居配件有限公司），该企业由于在新能源汽车板块的最新布局，对于生产废水处理需求迫切。污水处理厂建设投产后，该园区预计主要以广东和胜工业铝材股份有限公司以及污水处理厂为产业园的核心区，吸引产业链上下游企业聚集。

10.3 可改造型环保共性产业园（集聚区）发展现状

中山市共有存量工业集聚区6个，可逐步通过改造，升级为一园多核类环保共性产业园。“一园多核类环保共性产业园”指内部设置多个核心区的环保共性产业园。

（1）中山市民众镇沙仔综合化工集聚区

规划总用地面积664.1万平方米，园区功能定位为发展成为集精细、日用、五金化工等化工产业为一体，并形成相关配套设施完善的产业集聚区。该集聚区目前基本以纺织印染、精细化工行业为主。

2019年中山市取消沙仔工业园区的化工园区定位。现有企业107家，其中纺织类49家、化工类32家、建材及其他类26家。

园区内已实施集中供热、集中废水治理，未建有固废处置设施。园区内工业废水交由中山海滔环保科技有限公司处理，2019年全面实施集中供热，所有临时燃生物质锅炉、燃煤锅炉均已停用，使用国电中山燃气发电有限公司集中供热生产。

园区未设置管理机构，未有相关园区招商引资、进驻企业管理和环保管理制度。已于2019年12月制定园区应急预案并备案。

（2）中山健康科技产业基地

中山健康科技产业基地由国家科委、广东省人民政府、中山市人民政府于1994年共同创办，建成区面积约5km^2，园区由中山市健康基地集团有限公司统筹管理，目前落户企业超400家，形成以生物医药、医疗器械、保健品、食品、化妆品、健康服务业协同发展的产业集群格局。

园区有集中供热设施，市政生活污水、雨水管网分流，工业废水经企业污水处理站处理达标后依托市政管网排入火炬水质净化厂集中处理。

（3）中山市华南现代中医药城

规划范围1147.20hm²，2008年由广东省发改委批准建设，是广东省重点建设项目。

园区由中山市华南现代中医药城发展有限公司进行管理，目前已开发约5000亩，现已进驻企业156家，分布着包括生物制药、保健品、医疗器械、食品、化妆品、医疗检测、生物医药科研、医药物料销售等健康医药产业集群。

园区已建成集中供热系统，园区生活污水与工业废水分流，生活污水经市政管网排放至横门污水处理厂，工业废水经企业自主建设废水处理设施处理后排放至市政污水管网或委托有资质的第三方处理单位进行处理。

目前园区管理机构对企业进行日常监督检查及服务，并与政府相关部门进行不定时巡查。

（4）三角镇高平化工区

最早为1996年经市政府批复同意建设的三角镇高平临海工业区，总面积3355.5亩；1998年，经市政府同意，在其基础上建立了“中山市三角镇高平化工区”。

现园区进驻企业827家，2022年园区内规上企业达128家，总产值约184.6亿元，形成表面处理、纺织印染、线路板、精细化工等主要产业集群，结合三角镇产业发展，近年主要发展引进新一代信息技术、高端装备、生物医药、以半导体为主的新材料等系列战略性新兴产业。

目前园区内已实现集中供热，小部分集中供热覆盖区域外的锅炉已完成清洁能源改造；印染企业生产废水统一输送至中山市高平织染水处理有限公司处理，电镀企业生产废水统一输送至中山市三角镇高平污水处理有限公司处理，少数企业自建生产废水处理设施，生产废水经处理达标后排放至洪奇沥水道。

（5）大涌洗水园区

2021年8月大涌镇人民政府颁布《中山市大涌镇洗水产业集聚环保发展规划》，对全镇域洗水产业在现有旗南工业区及大业工业区的基础上以“一廊•一园•多点”的分布形式进行准入区域划分，形成节能环保产业园（洗水产业集中管控区）。

园区内的大业片区将新建集中污水处理设施处理洗水企业的生产废水，旗南片区则依托现有企业废水处理设施进行处理生产废水处理；园区外现有洗水企业根据实际工业废水排放进行结构性减排。

（6）大涌家具园区

2021年8月大涌镇人民政府颁布《中山市大涌镇家具产业集聚环保发展规划》，依托现有葵朗、白蕉围两大工业区家具企业资源，按需选择并布设“共性工厂”服务区内企业，全力建设“智能家居产业园”。

目前该集聚区内设计涉及喷漆的企业共计150家，今后工作主要扶持规上企业发展，严格审批新的喷漆项目，对原有的项目加强管理执法。

10.4 存在问题分析

10.4.1 存量共性工厂存在问题

（1）共享水平初级，聚集引力不足

共性工厂现有配套设施如生产设备、物流设备等不匹配企业的生产发展需求，降低了生产的效率与质量，且共性工厂的租金无竞争优势，因此，无论是对共性工厂管理方还是对入驻企业而言，集聚发展的吸引力不足，发展疲软。

（2）环保责任不清，治理效率不高

园区污染治理涉及园区管理机构等政府主管部门、专业污染治理第三方企业及园区内各排污企业，当出现环境污染相关违规违法行为时易造成责任边界不清而相互推诿。加之目前第三方企业良莠不齐，信息公开机制尚未建立，监管机制有待健全。

（3）经济环境低迷，招商引资困难

近年来，国内外经济形势错综复杂，制造业产能过剩问题突出，导致全国经济增速放缓。在此大环境下，由于运营成本和市场因素的影响，很多企业和投资商由原来的向外扩张改为较为保守的态度，导致招商引资困难。

10.4.2 可改造型环保共性产业园（集聚区）存在问题分析

（1）规划引导薄弱，空间布局不合理

中山市民众镇沙仔综合化工集聚区、中山健康科技产业基地、三角镇高平化工区、中山市华南现代中医药城等园区成立时间久远，初期规划内容简单，在实际发展过程中规划引导薄弱，空间布局缺乏整体规划，存在邻避问题。

（2）产业定位模糊，准入门槛缺失

部分园区原有发展定位发生改变，如中山市民众镇沙仔综合化工集聚区已取消化工园区定位，未更新明确变化后的园区产业定位。园区产业准入以经济指标为主，缺乏明确的环境准入负面清单。

（3）管理服务缺失，公共配套滞后

部分集聚区未设置园区管理机构，无法为入驻企业提供准确有效的帮助及引导，无法统筹及协调园区内部发展问题。部分园区基础设施配套不完善，园区雨污分流未完全覆盖，部分集中供热覆盖不到位，且未能满足企业生产需要，环境监测体系不完善，园区环境管理和应急防控设施不足。

（4）土地利用低效，产业发展受限

目前园区土地开发强度大，多为低层工业建筑，土地利用率低，土地经济效益不明显。部分园区存在土地私有化现象，厂房层层分租，导致规划导向力较弱，升级改造困难，进驻企业多为小型企业，清洁生产水平偏低，缺乏创新型大中型企业，未能形成完善的产业链，产业发展受限。

10.5 整合提升建议

10.5.1 已批环保共性产业园整合提升建议

对已批的环保共性产业园（共性工厂）的建设情况以及整合提升建议如表10-2所列。

表10-2 已批共性工厂整合提升建议表

镇街	已批项目名称	建设情况	整合提升建议
黄圃镇	中山冠承电器实业有限公司新建项目（共性工厂）	已建	（1）围绕规划定位及主导产业进行发展； （2）所有涉VOCs排放口应安装含苯、甲苯、二甲苯、非甲烷总烃等监测指标的在线监测系统并按规范与生态环境部门联网； （3）规范厂内生产废水收集管网，废水处理设施排放口安装COD_{Cr}、NH_3-N等监测指标的在线监测系统并按规范与生态环境部门联网； （4）设立环保专职； （5）合理规划园区内物流路线，减缓人车混杂乱象
沙溪镇	中山市大唐红木家具集中喷漆建设项目(共性工厂)	已建	（1）所有涉VOCs排放口应安装含苯、甲苯、二甲苯、非甲烷总烃等监测指标的在线监测系统并按规范与生态环境部门联网； （2）设立环保专职
	中山市威顺家具有限公司集中喷漆建设项目（共性工厂）	未建	（1）鼓励投产建设，整合提升康乐南路周边家具企业喷涂工序； （2）所有涉VOCs排放口应安装含苯、甲苯、二甲苯、非甲烷总烃等监测指标的在线监测系统并按规范与生态环境部门联网； （3）设立环保专职
	中山市益洁节能环保服务技术有限公司集中喷漆建设项目（共性工厂）	未建	（1）鼓励投产建设，整合提升沙溪镇家具喷涂产业； （2）所有涉VOCs排放口应安装含苯、甲苯、二甲苯、非甲烷总烃等监测指标的在线监测系统并按规范与生态环境部门联网； （3）设立环保专职

续 表

镇街	已批项目名称	建设情况	整合提升建议
大涌镇	中山市大涌镇瑞信达家具厂新建项目（共性工厂）	已建	（1）规范危废仓建设，落实分区贮存； （2）设立环保专职
	中山市大涌镇双智家具厂集中喷漆建设项目（共性工厂）	未建	（1）鼓励投产建设，整合提升安堂社区周边家具企业喷涂工序； （2）所有涉 VOCs 排放口应安装含苯、甲苯、二甲苯、非甲烷总烃等监测指标的在线监测系统并按规范与生态环境部门联网； （3）设立环保专职
	中山市大涌镇金锋佳家具厂改扩建项目（共性工厂）	未建	（1）鼓励投产建设，整合提升葵朗片区周边家具企业喷涂工序； （2）所有涉 VOCs 排放口应安装含苯、甲苯、二甲苯、非甲烷总烃等监测指标的在线监测系统并按规范与生态环境部门联网； （3）设立环保专职
	中山市伍氏大观园家具有限公司集中喷涂房建设项目（共性工厂）	未建	（1）根据大涌镇家具产业发展规划，严格按照智能家居产业园外准入条件进行高标准建设； （2）整合提升所在片区周边家具企业喷涂工序，完善共性工厂租赁服务管理机制，鼓励采用小时租用制，提供喷涂场所及设备； （3）所有涉 VOCs 排放口应安装含苯、甲苯、二甲苯、非甲烷总烃等监测指标的在线监测系统并按规范与生态环境部门联网； （4）设立环保专职
	中山市励豪红木家具有限公司集中喷漆建设项目（共性工厂）	未建	
	中山市大涌镇众业家具厂集中喷漆扩建项目（共性工厂）	未建	

续　表

镇街	已批项目名称	建设情况	整合提升建议
小榄镇	中山市聚诚达实业投资有限公司年集中喷漆100万件家具项目（共性工厂）	在建	（1）所有涉VOCs排放口应安装含苯、甲苯、二甲苯、非甲烷总烃等监测指标的在线监测系统并按规范与生态环境部门联网； （2）设立环保专职； （3）搭建智慧环保管理平台； （4）自主管理，开展常态化自查自纠工作
	中山市小榄镇五金表面处理聚集区（环保共性产业园）	在建	加快建设进程，围绕集聚区发展定位，严格按照准入条件招商引资
南头镇	广东立义科技股份有限公司三厂区扩建项目（共性工厂）	未建	（1）加快喷涂共性工厂建设进程，整合提升南头镇家电喷涂产业； （2）所有涉VOCs排放口应安装含苯、甲苯、二甲苯、非甲烷总烃等监测指标的在线监测系统并按规范与生态环境部门联网； （3）设立环保专职

续 表

镇街	已批项目名称	建设情况	整合提升建议
横栏镇	横栏镇灯饰供应链产业园（环保共性产业园）	在建	（1）围绕规划定位及主导产业进行发展； （2）所有涉VOCs排放口应安装含苯、甲苯、二甲苯、非甲烷总烃等监测指标的在线监测系统并按规范与生态环境部门联网； （3）规范厂内生产废水收集管网，废水处理设施排放口安装COD_{Cr}、NH_3-N等监测指标的在线监测系统并按规范与生态环境部门联网； （4）建立专业的环境管理队伍； （5）自主管理，开展常态化自查自纠工作
三乡镇	中山市三乡镇金属表面处理产业园（环保共性产业园）	在建	（1）成立三乡镇金属表面处理（前陇工业区）管理机构，规范区域金属处理企业发展； （2）加快集中废水处理厂建设进程，废水处理设施排放口安装COD_{Cr}、NH_3-N等监测指标的在线监测系统并按规范与生态环境部门联网； （3）建立专业的环境管理队伍； （4）自主管理，开展常态化自查自纠工作

10.5.2 可改造型环保共性产业园整合提升建议

对中山市市域范围内的存量工业集聚区，即可改造型的环保共性产业园，其整合提升建议如表10-3所列。

表10-3　可改造型环保共性产业园整合提升建议表

集聚区	整合提升建议
中山市民众镇沙仔综合化工集聚区	（1）完善园区基础设施配套建设，加快提高雨污分流管网、供热管网覆盖率； （2）成立专门的园区管理机构，明确园区产业定位，制定产业准入及退出机制； （3）整合提升集聚区内印染企业，满足区域总量控制； （4）提高集聚区内企业清洁生产水平
中山健康科技产业基地	（1）根据发展需要，结合环境敏感程度，及时调整规划，合理规划产业布局； （2）建立环保准入负面清单，严控入园企业门槛； （3）成立园区突发环境事件应急工作小组，编制突发环境事件应急预案，加强园区及企业应急联动，统筹及调度园区内各企业应急物资、应急池
三角镇高平化工区	（1）加快园区内产业转型升级，推动园区电镀、印染、化工、线路板行业企业转型升级，逐步淘汰高耗能、高污染低端生产线企业； （2）常态化开展生产车间综合整治工作； （3）制定完善高端装备制造、新一代信息技术、生物医药等产业的准入及管理规范，进一步加快推动优质产能项目落地建设，加强与园区污水处理公司及生态环境部门沟通，落实排污指标动态调配机制； （4）加快完善园区事故废水处置系统，提升园区突发环境事故应急能力

续　表

集聚区	整合提升建议
中山市华南现代中医药城	（1）加快推进中山市华南现代中医药城规划调整进程，合理布局产业； （2）完善园区集中供热配套设施； （3）建设工业废水集中治理设施
大涌洗水园区	（1）加强基础保障配套，配套集中式废水站，提升入园企业废水收集方式和水平，降低企业生产过程中的额外成本； （2）园区具备条件可配套集中供热、供能设施，实施用水排水、用能及污染物产排的物联智能实时监管；不具备集中供热、功能条件时，企业自建供热、供能设施应符合相关规定。 （3）继续扶持产学研发展，加强关键技术攻关，多角度实现洗水产业的智能化、高端化； （4）设置园区管理机构，统筹规范园区企业环保工作
大涌家具园区	（1）提高工业集聚区的管理和服务水平，按需设立园区管理机构，为集聚区企业提供先进的管理理念，为家具行业设计低排放的工艺设备以及高效率的末端处理设备； （2）以技术创新与设计创意提升传统红木家居产业，促进红木全产业链整体提升，打造红木产业通过创新驱动升级发展的示范基地； （3）整合大涌家具园区外已批未建共性工厂，园区外不再新设立家具共性工厂、环保共性产业园

10.6 典型案例分析：中山市泡沫塑料包装环保共性产业园规划设计

泡沫塑料包装环保共性产业园是中山市环保共性产业园模式重要的试点示范园区。

中山市有3000余家泡沫塑料包装加工企业，它们主要作为支撑灯饰、家电等产业发展配套而建，对区域产业的良性发展不可或缺。但由于缺乏统一的规划管理，以及企业自身的环保意识薄弱等问题，多数泡沫塑料包装企业的“散、乱、污”特征明显，由此引起的消防、环保等问题频发，迫切需要整治升级。

中山市泡沫塑料包装行业通过引入环保共性产业园模式推动泡沫塑料包装行业的绿色升级转型，展示该模式在节省土地、减少污染排放、降低行业成本、助推“工改”等方面的重大效益。泡沫塑料包装环保共性产业园在集中治污、智慧消防、削减生产成本、依法纳税等方面发挥了重要的示范引领作用，可作为环保共性产业园发展模式的典型案例进行剖析与研究。

10.6.1 中山市泡沫塑料包装行业发展现状

中山市是世界灯都、家电制造基地，灯具、家电运输需要使用大量包装材料，为此全市配套了3000余家泡沫塑料包装加工企业。泡沫塑料包装加工企业主要以“家庭式”小作坊的形式分散于横栏、古镇、小榄、南头、东凤等镇街，成为了产业集群中不可或缺的配套行业。泡沫塑料包装加工企业占地面积大多为500～3000m²，平均占地面积超过1000m²，年产值大多为300万～2000万元，平均年产值约

400万元，估算全行业占地约为300万平方米（约4500亩），年产值约为120亿元。

10.6.2 泡沫塑料包装行业发展面临的主要问题

（1）安全隐患极大

泡沫塑料包装企业在生产及运输环节存在较大安全隐患。泡沫塑料包装加工过通常需要加热切割，且泡沫塑料包装制品极易燃，但小型泡沫塑料包装加工企业大多安全意识薄弱，消防设施落后，极易发生火灾，造成极大的直接经济损失。同时，在物流运输方面，泡沫制品通常采用小三轮等落后方式运输，因产品体积大、密度低，常出现装载超长、超宽现象，不仅影响市容市貌，而且极易引发交通事故。

（2）环境风险较高

挥发性有机废气排放、废泡沫塑料污染是泡沫塑料包装行业存在的主要环境风险问题。泡沫塑料加热切割环节会产生较高浓度的挥发性有机废气（VOCs）（VOCs排放量是国家规定的“十四五”约束性环保指标之一），由于行业企业规模较小，难以投资建设稳定高效的治理设施，导致不治理或低效治理成为行业的普遍现象。废泡沫塑料主要来自加工产生的边角料，目前主要采取随意丢弃、粗放回收两种方式消纳，对城市环境、大气环境造成较大影响。

（3）低效用地问题突出

目前泡沫塑料包装企业大多集中在村镇低效工业园区中，厂房以“锌铁棚”单层形式为主，亩均年产值约260万元，且企业纳税意识不足、大多数企业税收贡献几乎可以忽略，低效用地问题突出。

10.6.3　泡沫塑料包装行业环保共性产业园建设情况分析

10.6.3.1　泡沫塑料包装环保共性产业园概况

中山市生态环境局牵头推动建设的泡沫塑料包装环保共性产业园现已投运。产业园选址在横栏镇永兴工业区，紧邻灯饰产业，总占地面积约20亩，建筑面积4.3万平方米，将高效整合60～100家泡沫制品上、中、下游企业入园发展。

泡沫塑料包装环保共性产业园在集中治污、智慧消防、削减生产成本、依法纳税等方面发挥了重要的示范引领作用。

① 园区实现废气集中收集、治理。将园区企业有机废气统一收集后，并采用先进的催化燃烧技术集中治理，预计每年将削减VOCs排放量20t。同时，采用环保、规范的方法对园区废泡沫塑料进行回收利用，预计每月回收利用650t。

② 园区建设了智慧消防系统，已通过丙类消防验收并设立消防站，配备了消防员、消防车、AI摄像头、热成像摄像头、自动喷水、灭火、防排烟系统，事件响应时间从7min降至1.5min。

③ 园区推行共享仓储、共享运输、共享原料、共享订单、共享技师等共享运营模式，显著降低了原料、仓储、运输、人工等成本。据第三方机构测算，企业与入驻园区前相比，厂房租金相当（约20元/平方米），人工和运输成本降低50%，库存空间降低35%，能耗成本降低30%，单位产品生产成本降低30%以上。

④ 园区企业将集中纳税，根据园区管理机构测算，近期税收预计可达2000万元/年。

10.6.3.2　预期全市推广效益

在中山全市范围内推广环保共性产业园模式可以推动泡沫塑料

包装行业全面绿色、集约化升级，预计可取得显著的社会效益、经济效益：

① 节省约133.5万平方米用地（约2000亩）。

② 每年减少排放VOCs1000t。

③ 近期增加纳税约1.5亿元，远期预计超过5亿元。

④ 远期培育出多家年产值超过10亿元、产品覆盖各类高端包装材料的规模化企业。

11.

中山市环保共性产业园规划的实施与保障

- 强化组织领导
- 完善政策支撑
- 强化安全环保监管
- 落实资金保障

11.1 强化组织领导

（1）成立专项工作小组

成立市环保共性产业园工作领导小组，工信、发改、生态环境、商务、自然资源、住建、投资促进等相关部门为成员单位。领导小组指导全市环保共性产业园规划、建设、管理工作，负责解决发展中的重大问题，切实把环保共性产业园作为推动产业结构优化升级、加快高质量崛起的重要工作来抓。各相关镇街政府成立辖区环保共性产业园推进工作领导小组。

（2）明确职责分工

部门、镇街根据各项任务制定操作性强的工作方案，分解落实规划目标任务，确保各项指标和任务如期完成。制定工作目标考核责任制度，考核结果纳入绩效考核体系。

镇街政府（办事处）统筹园区规划、申报以及土地使用调整，各镇街政府或园区管理方制定园区准入条件，由镇街政府（办事处）颁布实施。

市镇两级工信、发改部门负责结合市产业发展状况，配合提出产业园项目引入及发展方向的意见；生态环境部门负责园区规划环评、项目环评等审查、审批，对园区项目准入、治污技术提供建议，汇总园区建设资料、进度，定期上报；自然资源、住建部门负责园区土地使用的调整和规划工作，对园区建筑提供技术支持。商务、投资促进部门配合研究产业园区配套发展政策，落实产业发展扶持措施。

11.2 完善政策支撑

（1）优化园区发展环境

鼓励环保共性产业园、共性工厂申报“中山市及以上重点建设项目”“重点工业项目”，镇街政府（办事处）结合环保共性产业园建设运行需求，在资金、土地、税收、科研、人才等方面给予必要的政策支持，如招商引资、人才引进及培育、金融支持优惠政策。建立常态化联络机制、“马上办”响应机制、“行走办”推进机制，全时快速响应企业诉求，统筹解决问题。

本规划实施后，按重点项目计划推进环保共性产业园、共性工厂建设，全市范围内其他区域原则上不再审批或备案环保共性产业园核心区、共性工厂涉及共性工序的规模以下建设项目，规模以下建设项目是指产值小于2千万元/年的项目；对于符合镇街产业布局等相关规划、环保手续齐全、清洁生产达到国内或国际先进水平的规模以下技改、扩建、搬迁建设项目，经镇街政府同意后方可向生态环境部门报批或备案项目建设。

（2）完善园区审批和建设指引

园区内企业享有《中山市涉挥发性有机物项目环保管理规定》（中环规字〔2021〕1号）豁免政策。结合各镇街落实“三线一单”及空间管控要求，从严审批园区外项目。市生态环境局统一完善各项专题指引，包括《中山市环保共性产业园生态环境保护工作指引（试行）》《中山市VOCs共性工厂污染防治技术指引》等。

（3）积极做好国土空间规划

从战略定位研究、空间结构优化、交通路网系统、建设用地需求等方面进一步做好控制性详细规划编制计划，全市及各镇街开展片区控制性详细规划、建设项目规划条件论证。积极解决重点项目用地问题，深化工程建设审批制度改革，加快推进重点项目征地办证手续。

11.3 强化安全环保监管

（1）充分发挥环保执法职能

各镇街全面贯彻环境保护相关法律法规，加大环境执法力度。推动市镇两级联动，持续开展“散乱污”工业企业动态清零工作，防止已取缔的“散乱污”工业企业异地转移、死灰复燃。全面提升生态环境执法效能和服务水平，全力助推营商环境持续健康发展。

（2）发挥公众外部监督作用

完善公众参与机制，加强园区环境信息公开，及时向社会公开园区规划制定、实施和调整情况，回应社会关切，充分发挥社会舆论监督作用。

（3）强化园区企业内部监督

创建工业园区专栏，定期发布各项推进和管理工作信息。鼓励企业制定年度环境绩效与社会责任报告，并在园区内公开。加强园区产业发展、环境保护等信息的公开透明，接受园区内企业对园区各项数据和管理的监管。

11.4 落实资金保障

（1）加大财政引导支持

支持园区申请中央及省级生态环境专项资金、市产业扶持发展专项资金，加大对环保共性产业园、共性工厂项目的扶持力度。加强对政策兑现的督促检查，确保奖补资金按时拨付到位。

（2）加强园区金融服务

引导社会资本参与园区建设、投资园区内的优质企业，加强与园区在创新载体建设、基础设施开发、股权融资、金融服务等方面的合作。支持金融机构创新金融产品和提升金融服务水平，推进园区企业与金融机构深度合作。加强融资服务，鼓励融资担保机构加大对园区基础设施类项目的融资担保力度，支持园区根据项目特性选择采用多元化投融资模式，包括BOT、BT、TOT、PPP。

附图

附图 1　中山市家具企业分布示意图

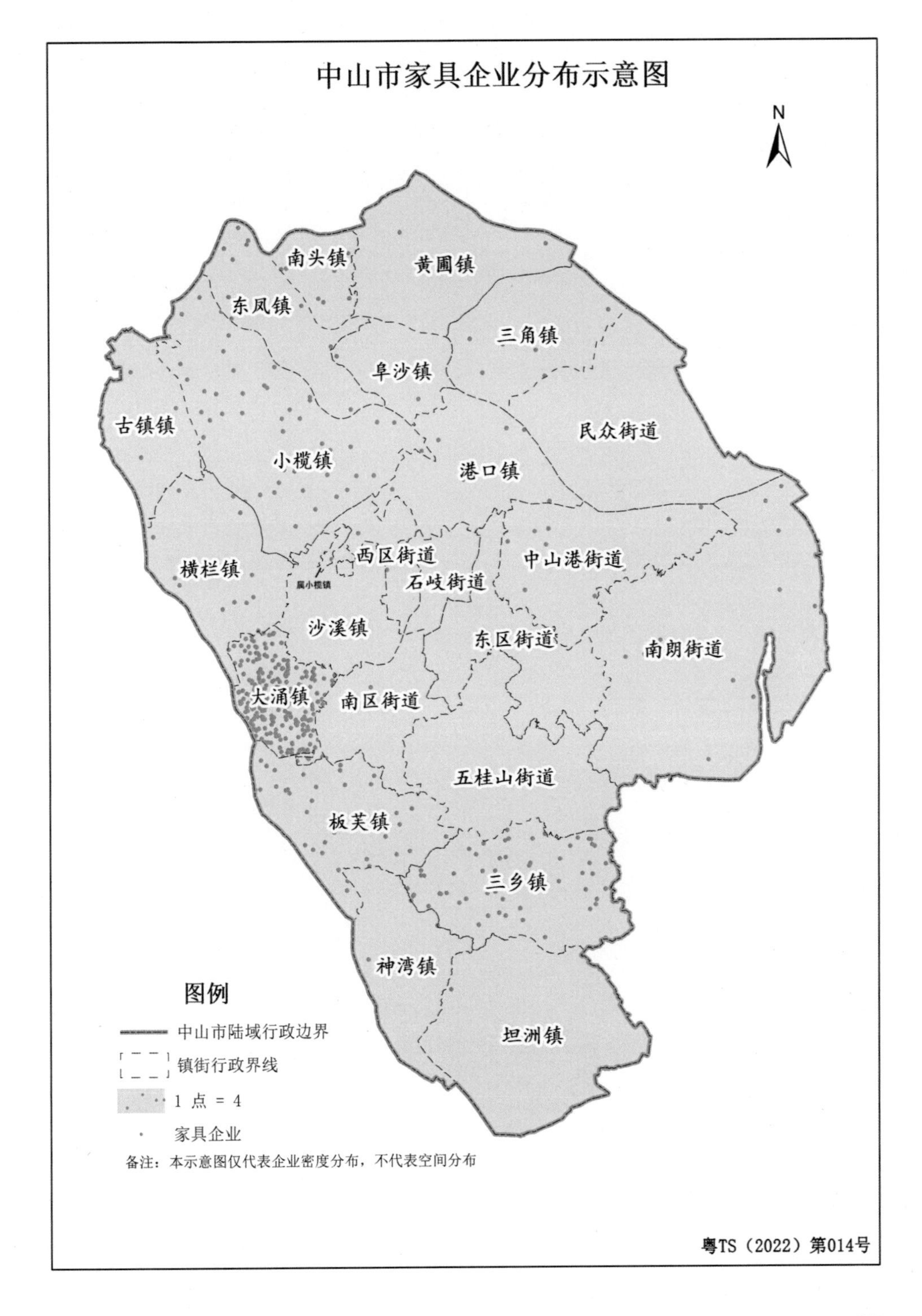

附图 2　中山市金属制品企业分布示意图

附图 3 中山市家电企业分布示意图

附图 4 中山市灯饰企业分布示意图

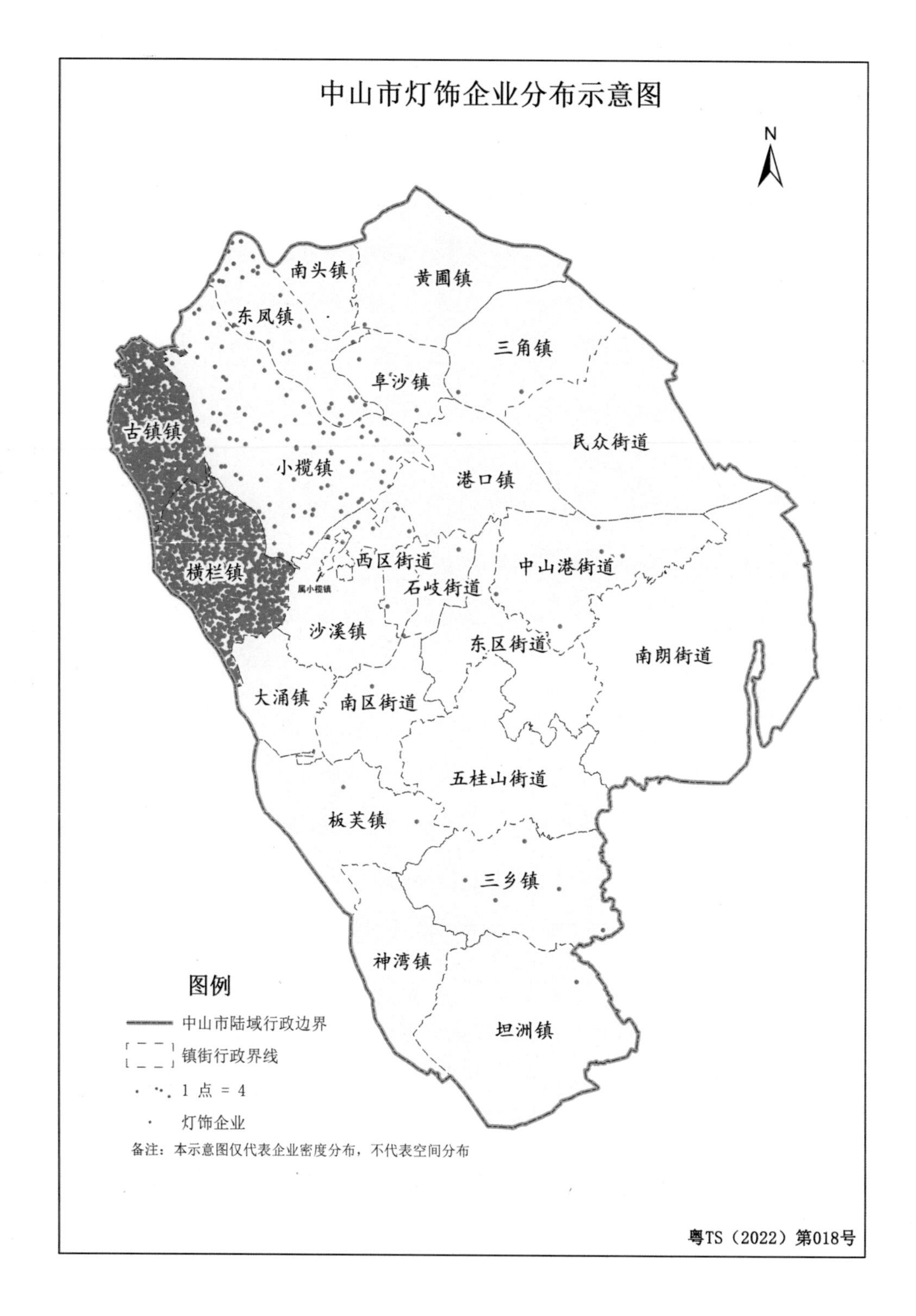

附图 5　中山市游戏游艺企业分布示意图

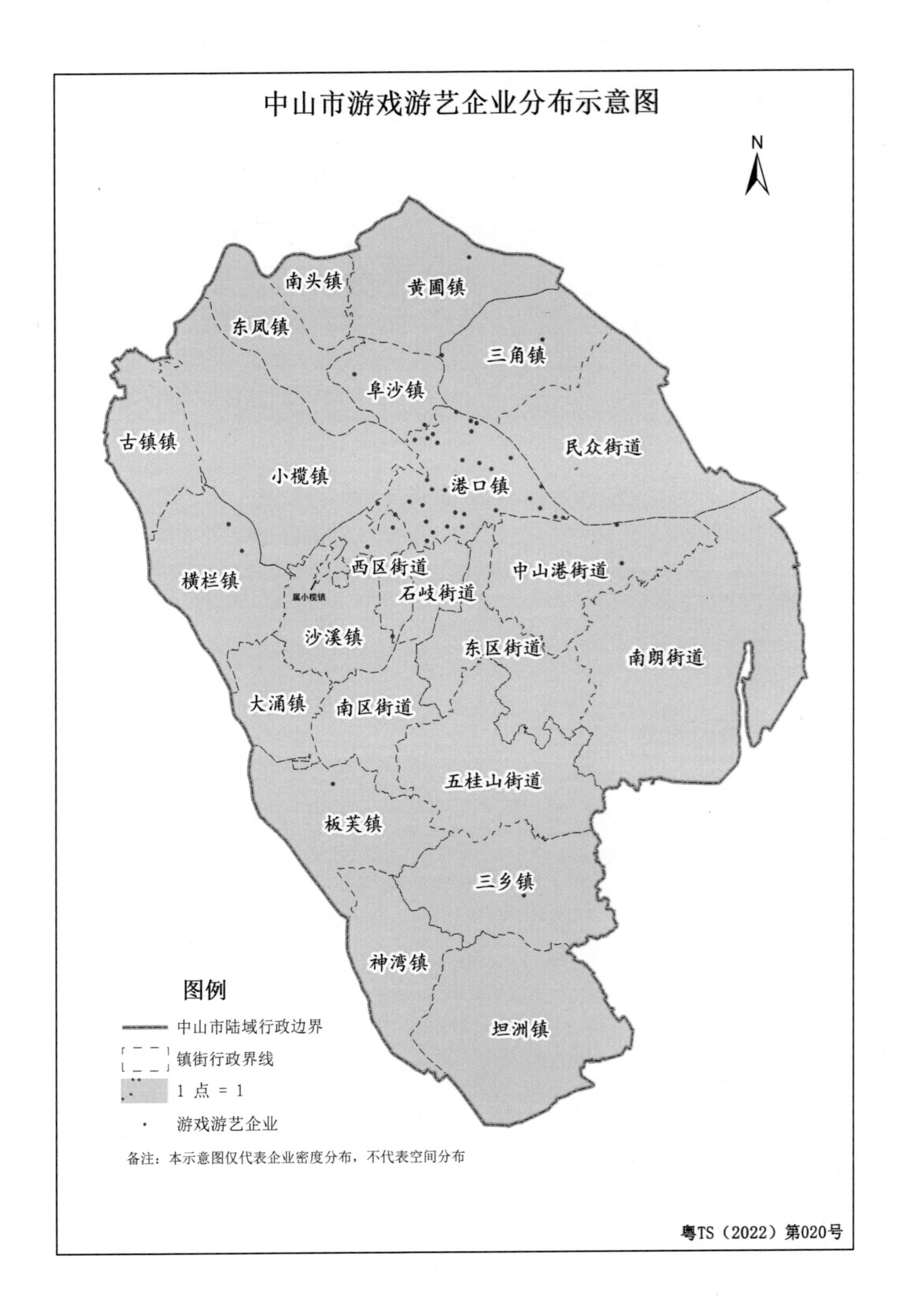

附图6　中山市塑料制品企业分布示意图

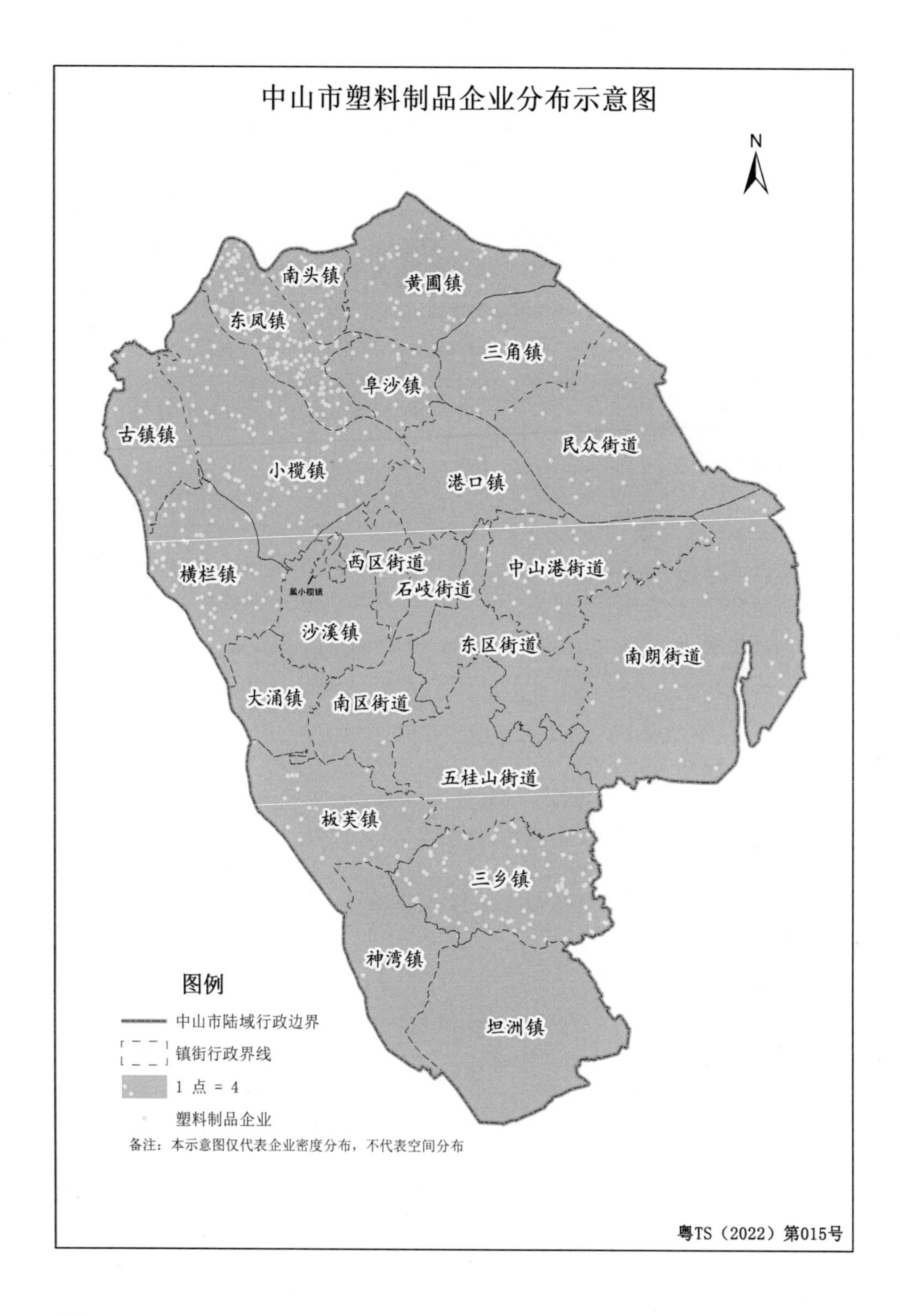

附图 7 中山市汽修喷漆服务项目分布示意图

附图 8 中山市第一产业农业“绿岛”项目布局示意图

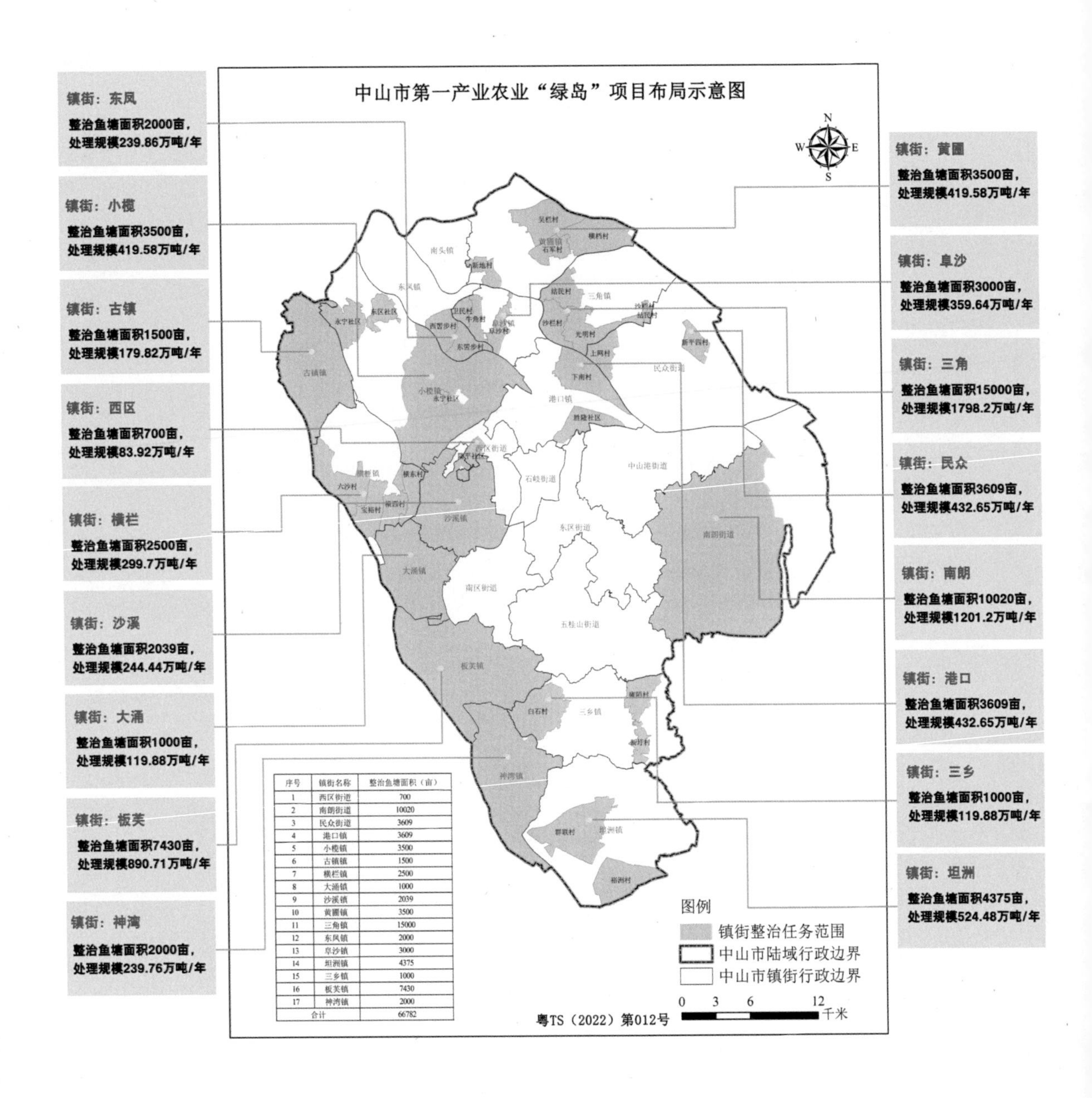

序号	镇街名称	整治鱼塘面积（亩）
1	西区街道	700
2	南朗街道	10020
3	民众街道	3609
4	港口镇	3609
5	小榄镇	3500
6	古镇镇	1500
7	横栏镇	2500
8	大涌镇	1000
9	沙溪镇	2039
10	黄圃镇	3500
11	三角镇	15000
12	东凤镇	2000
13	阜沙镇	3000
14	坦洲镇	4375
15	三乡镇	1000
16	板芙镇	7430
17	神湾镇	2000
合计		66782

附图 9　中山市第二产业已批环保共性产业园总体布局示意图

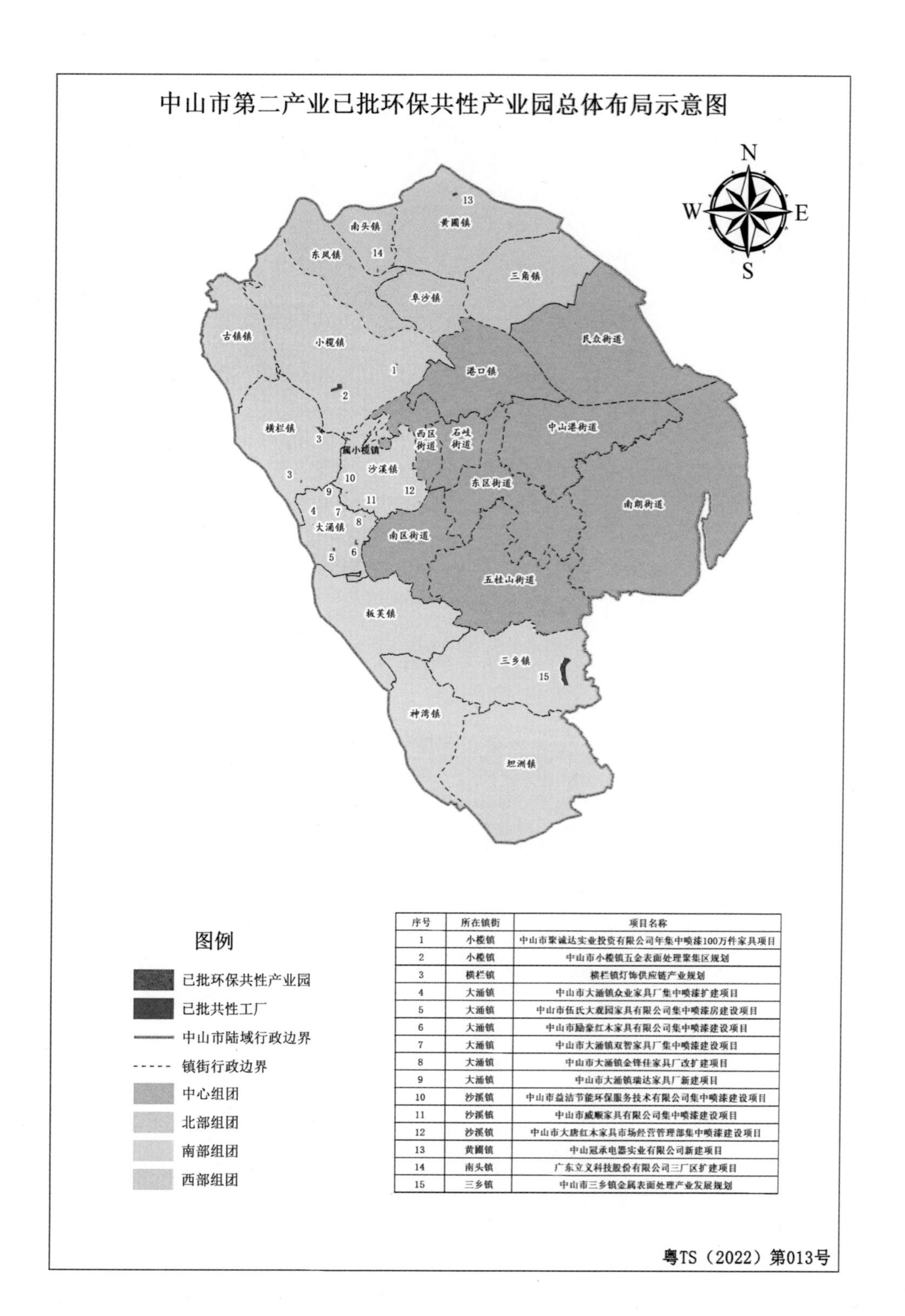

序号	所在镇街	项目名称
1	小榄镇	中山市聚诚达实业投资有限公司年集中喷漆100万件家具项目
2	小榄镇	中山市小榄镇五金表面处理聚集区规划
3	横栏镇	横栏镇灯饰供应链产业规划
4	大涌镇	中山市大涌镇众业家具厂集中喷漆扩建项目
5	大涌镇	中山市伍氏大观园家具有限公司集中喷漆房建设项目
6	大涌镇	中山市励豪红木家具有限公司集中喷漆建设项目
7	大涌镇	中山市大涌镇双智家具厂集中喷漆建设项目
8	大涌镇	中山市大涌镇金锋佳家具厂改扩建项目
9	大涌镇	中山市大涌镇瑞达家具厂新建项目
10	沙溪镇	中山市益洁节能环保服务技术有限公司集中喷漆建设项目
11	沙溪镇	中山市威顺家具有限公司集中喷漆建设项目
12	沙溪镇	中山市大唐红木家具市场经营管理部集中喷漆建设项目
13	黄圃镇	中山冠承电器实业有限公司新建项目
14	南头镇	广东立义科技股份有限公司三厂区扩建项目
15	三乡镇	中山市三乡镇金属表面处理产业发展规划

附图 10　中山市第二产业环保共性产业园重点项目布局示意图

序号	所在镇街	重点项目名称
近期（2022年~2025年）		
1	小榄镇	小榄镇家具产业环保共性产业园（聚诚达项目）
2		小榄镇五金表面处理聚集区环保共性产业园
3	横栏镇	横栏镇泡沫产业环保共性产业园（云瑞项目）
4		横栏镇灯饰供应链环保共性产业园
5	古镇镇	古镇镇光电产业环保共性产业园
6		古镇镇泡沫产业环保共性产业园（大卉项目）
7	港口镇	港口镇家居产业环保共性产业园（谷盛项目）
8		港口镇展示产业环保共性产业园（华伟项目）
9		港口镇游艺产业环保共性产业园（金龙项目）
10	三角镇	高平化工区环保共性产业园
11		三角镇五金配件产业环保共性产业园（金焱项目）
12		三角镇五金制品产业环保共性产业园（诚创达项目）
13	黄圃镇	黄圃镇家电产业环保共性产业园（冠承项目）

序号	所在镇街	重点项目名称
近期（2022年~2025年）		
14	阜沙镇	阜沙镇家电产业环保共性产业园（嘉顺项目）
15	南头镇	南头镇家电产业环保共性产业园（立义项目）
16	三乡镇	中山市三乡镇金属表面处理环保共性产业园（前陇工业区）
17	坦洲镇	坦洲镇七村社区金属配件产业环保共性产业园（劲捷项目）
中远期（2026年~2035年）		
18	黄圃镇	黄圃镇大岑片区家电产业环保共性产业园
19	东凤镇	东凤镇小家电产业环保共性产业园（选址待定）
20	坦洲镇	坦洲镇新前进村金属配件产业环保共性产业园（庆琏项目）
21	南朗街道	南朗街道健康医药环保共性产业园（西湾医药与健康产业园、中山市华南现代中医药城）
22	民众街道	中山市民众镇沙仔综合化工集聚区环保共性产业园
23	中山港街道	中山健康科技产业基地环保共性产业园
24	大涌镇	大涌镇家具产业环保共性产业园
25	沙溪镇	沙溪镇家具产业环保共性产业园

粤TS（2022）第016号

附图 11　中山市第三产业汽车“绿岛”项目布局示意图

附图12 中山市第三产业固体废物处置环保共性产业园布局示意图